艦種から見る 太平洋戦争を戦った名艦たちの実像

日本海軍 艦艇の航跡

宮永 忠将 著

イカロス出版

目次

第一章　衝撃と誤算の「航空母艦」……007
第二章　日本海軍の興亡を左右した「戦艦」……021
第三章　戦術用途優先で埋没した「軽巡洋艦」……035
第四章　有事に弱点が出た「重巡洋艦」……047
第五章　期待されすぎた「航空巡洋艦」……061
第六章　開発で後手を踏んだ「防空艦」……075
第七章　職人芸を発揮できなかった水雷戦隊「駆逐艦」……087
第八章　戦争が必要とした「戦時急造駆逐艦」……101
第九章　日本海軍を動揺させた「水雷艇」……113
第十章　海軍の変質を反映した「海防艦」……125

第十一章　日米で明暗を分けた理由「特設航空母艦」……137
第十二章　新兵器の隠れ蓑となった「水上機母艦」……149
第十三章　過大な期待に押しつぶされた「潜水艦」……161
第十四章　特設艦艇に支えられた「潜水母艦」……173
第十五章　海上自衛隊の礎となった「掃海艇」……185
第十六章　大戦後半の最前線に立たされた「輸送艦」……197
第十七章　連合艦隊を支えた特務艦　その１「給油艦」「給量艦」「給兵艦」……209
第十八章　連合艦隊を支えた特務艦　その２「工作艦」「標的艦」「砕氷艦」「河川砲艦」……221
第十九章　海戦の主役に躍り出た「海軍空母航空隊」……233
第二十章　持たざる国の努力と苦肉の策「海軍基地航空隊」と「海軍設営隊」……247
第二十一章　最前線で戦い続けた徴用船の死闘「特設監視艇」……255

初出

『JShips』イカロス出版　2021年2月号 VOL96～2024年2月号 VOL114
初出時の内容を基に加筆修正を加え、書き下ろしとして第二十章、第二十一章を加えた。

主要参考文献

『軍艦メカニズム図鑑　日本の戦艦』（上・下）、泉江三、グランプリ出版、2001年
『軍艦メカニズム図鑑　日本の航空母艦』長谷川藤一、グランプリ出版、1997年
『軍艦メカニズム図鑑　日本の巡洋艦』森恒英、グランプリ出版、1993年
『軍艦メカニズム図鑑　日本の駆逐艦』森恒英、グランプリ出版、1995年
『昭和造船史』（第一巻）日本造船学会編、1977年
『艦と人 海軍造船官八百名の死闘』飯尾憲士、集英社、1983年
『図説太平洋海戦史』（全三巻）外山三郎、光人社、1995年
『福井静夫著作集』福井静夫、光人社
『日本海防艦戦史』木俣滋郎、図書出版社、1994年
『日本輸送船団史』駒宮真七郎、出版協同社、1987年
『日本潜水艦戦史』坂本金美、図書出版社、1979年
『日本潜水艦戦史』木俣滋郎、図書出版社、1993年
『日本水雷戦史』木俣滋郎、図書出版社、1986年
『世界の戦艦プロファイル』大日本絵画、2015年
『日本海軍の戦艦:主力艦の系譜』大日本絵画、2012年
『超ワイド&精密図解 日本海軍艦艇図鑑』学習研究社、2020年
『読む年表太平洋戦争』筒居譲二、潮書房光人新社、2022年
『日本海軍航空史』（全四巻）、時事通信社、1969年
『日本航空機総集』（全八巻:改訂新版）、出版協同社
『戦史叢書』（軍戦備シリーズを中心に）

『歴史群像』および同『太平洋戦史シリーズ』学習研究社
『ミリタリー・クラシックス』イカロス出版
『世界の艦船』海人社
『丸』潮書房光人新社

第一章

衝撃と誤算の「航空母艦」

第二次世界大戦における航空母艦、空母の保有国は日本、アメリカ、イギリスの３ヵ国のみであった。

さらに空母同士の海戦を経験したのは日米だけであり、日本海軍は、国力ではるかに優るアメリカの機動部隊をしばしば窮地に追い詰めた。

空母を保有し、空母機動部隊を運用していたことは、日本が世界でも屈指の海軍国であったことの証拠である。

第一では、この空母を軸として、日本海軍がたどった歴史の航跡を見てみたい。

イギリスが主導した黎明期の空母の役割

20世紀初頭に発明された動力付き航空機は、第一次世界大戦を契機に兵器として大きく進化した。航空機が持つ従来の兵器にはない飛躍的な行動半径と、高所からの広い視野が生み出す偵察能力に着目したイギリス海軍は、艦艇からの航空機の活用を模索する。最初は水上機を運用する水上機母艦が主流であったが、運用効率が天候に左右されやすい。そこで降着輪を持つ陸上機を艦上で運用できるように大型巡洋艦「フューリアス」を改造した。これが空母の始まりである。

日本海軍も航空機の可能性には早くから着目していて、第一次大戦に参戦した直後、ドイツの拠点である青島攻略戦に水上機母艦「若宮」を投入。モーリス・ファルマン水上機による偵察航空作戦を実施した。その後日本海軍は航空母艦の研究にも本格的に乗り出し、第一次世界大戦後の一九二〇年には空母「鳳翔」の建造に着手する。大正11（1922）年末に竣工したこの船は、「最初から空母として建造された船としては、世界で一番早く完成」したという表現で説明されることが多い。これは英空母「ハーミーズ」との比較での話であるが、その建造開始は「鳳翔」より2年も早く、またイギリスは空母「アーガス」での実用試験を反映しながら建造を進めていた。そもそもこの時期の建造の早さを競うことに意味はない。航空機開発分野では日本は完全に遅れていたわけだから、「鳳翔」の建造の早さは、何ら具体的な優越を反映してはいないことは思い留めておくべきだろう。

このように、日本海軍の空母建造は、イギリスで先行している実証研究に追随して、関連技術を蓄積することから始まった。しかし「鳳翔」が完成すれば、艦隊に空母が加えられることとなるので、その空母をどのように使うか、目的を明確にする必要が生じる。

この点では、日本海軍には選択肢はなかった。日露戦争後、日本海軍はアメリカを仮想敵国として軍備を整えていた。ところが「鳳翔」の建造中に締結されたワシントン海軍軍縮条約において、日本は主力艦の保有量を対アメリカ、およびイギリスとの比較で6割に制限されてしまう。この戦略環境の変化に対応するため、日本海軍は「漸減邀撃構想」を固めた。漸減とは徐々に（戦力を）減らすこと、邀撃とはしかるべき場所で迎え撃つの意味である。つまり、日本に侵攻してくる米艦隊になるべく遠方から反復攻撃を加えて消耗を強いた後、戦力が均衡したタイミングで日本近海で決戦を挑むのである。

起工時から純粋な空母として建造され、世界で初めて就役した新造空母となった日本海軍の「鳳翔」。その意義は大きいが、当時の日本は航空機開発では遅れをとっていた

この構想の中で、空母は航空機を活用した偵察の要の役割を期待されていた。漸減邀撃には、敵艦隊主力を早い段階からなるべく遠方で発見しなければならないからだ。軍縮条約の結果、巡洋戦艦や戦艦から空母に転用された空母「赤城」「加賀」が巡洋艦に匹敵する20㎝砲を搭載していたのは、主力艦隊に先行しての偵察任務中に、同様の偵察の任務を帯びた敵の敵巡洋艦隊と遭遇する可能性を見越してのことであった。このように、当初、日本海軍は空母を偵察能力に優れた一種の巡洋艦と見なしていたのである。

まだ艦上機の能力も信頼性も低く、補助的な扱いに留まっていた時期としては自然な考え方である。しかし１９３０年代に航空機の能力が著しく向上すると、海軍は考え方を変える。これには昭和５（１９３０）年のロンドン海軍軍縮条約も影響している。この条約ではワシントン軍縮条約の抜道になっていた補助艦艇への制限が明確にさ

改装前の「赤城」（左端）を捉えた1930年代の日本艦隊。当時の「赤城」は偵察時に敵巡洋艦隊と遭遇する可能性を考慮して20cm砲を搭載していたが、当初日本は空母を偵察能力に優れた巡洋艦と考えていた

れた。その結果、日本海軍が追求していた個艦優越方針が行き詰まり、制限外の航空機に期待が集まったのである。

１９３０年代には航空機の性能が飛躍的に向上し、これに連動して航空魚雷の信頼性や、急降下爆撃による大型爆弾の命中率も向上した。１９３０年代初頭の日本海軍の研究では、好条件下であれば急降下爆撃で６割、航空魚雷は全部命中という記録を残しており、航空機が各種艦艇にとって無視できない危険な兵器として認識されはじめていた。

このような技術的な変革期と併行して、外交面では日米関係が悪化し、戦争の危機が増大しつつあったこともあり、海軍における空母への期待は高まっていったのである。

航空戦が主体となった太平洋戦争の戦場

とはいえ、一直線に空母が艦隊の主戦力として認められたわけではない。特に砲術関係者からは、航空機が使用できる気象、海象条件が限られる不安定な兵器であることが問題視された。結局、航空機による対艦攻撃の潜在的可能性は認められながらも、まず攻撃面においては、敵の洋上航空戦力に勝利して航空優勢を確保した後に、偵察機が敵艦隊に接触して艦隊戦における着弾観測に従事することが、空母と母艦航空隊の主要任務であると定められた。大艦巨砲主義はまだまだ健在であったのだ。

ところが対米開戦が不可避となった状況下で連合艦隊司令長官に着任した山本五十六大将は、ハワイの真珠湾に対する機動部隊の奇襲攻撃を決定した。

この真珠湾奇襲作戦は、航空畑に深く関与した山本の斬新な構想力による産物として、半ば「神話」の域に片足を突っ込んでいる感がある。しかし１９３０年代のうちから、海軍大学校では真珠湾への航空奇襲の可能性は検討されていた。開戦劈頭での奇襲の戦果が、国力に劣る日本の戦局を大きく左右するという前提のもと、空母を含む航空戦力で真珠湾を奇襲、敵空母を無力化できるかどうかという意見は、公然のものであった。

ただし真珠湾攻撃の画期的な点は、空母2隻程度による戦術的なスケールの奇襲が妥当と考えられていた当時の常識を覆して、正規空母の全6隻を投入するという、かなり投機的な内容に拡大されていたことであろう。

空母機動部隊を含む海軍の航空部隊には、陸軍外征部隊の揚陸支援など、さまざまな場所で上空掩護が求められていた。それだけに正規空母6隻を一作戦のみに引き抜くのは、困難な折衝を要する。ただでさえ陸海軍の協調関係もなく、前例重視で硬直化していた日本軍全体の組織の中で、海軍主体の作戦に空母を集中できた山本長官の実行力も、真珠湾攻撃の画期的な側面の一つであった。

こうして昭和16（１９４１）年12月に実施された真珠湾奇襲攻撃により、日本は太平洋戦争に突入する。この戦争では数多くの水上戦闘が行われたが、戦局を方向を決定づける主要海戦は、多くの場合、陸上基地や空母から発進した航空機による空戦と連動するものとなった。戦艦や水雷戦隊など、水上打撃戦力も重要な役割を果たしたが、彼らが中心となる海戦は、戦局を左右する決戦ではなくなっていた。

ただし、この時の日本海軍の戦いを「航空戦主体の戦争」と単純化してしまうと、焦点がぼやけてしまう。空母の意義を検討する上では、航空戦の中身を明確にする必要がある。たとえば、イギリス東洋艦隊の戦艦2隻を沈めたマレー沖海戦は、基地航空隊の陸攻隊による戦果であり、昭和17（１９４２）年夏のガダルカナル島攻防戦に始まり、昭和18（１９４３）年暮れのブーゲンヴィル島攻防戦まで続くソロモン諸島攻防戦の主役も基地航空隊であった。

空母機動部隊の運用期間は、真珠湾攻撃に続く第一段作戦、インド洋侵攻作戦から、日本海軍機動部隊の命日となる昭和19（1944）年10月25日のエンガノ岬沖海戦までとなる。この中から、日米の空母機動部隊同士の戦いを抽出すると、珊瑚海海戦、ミッドウェー海戦、第二次ソロモン海戦、南太平洋海戦、マリアナ沖海戦しかない。一方的追撃戦のセイロン島沖海戦や、囮作戦であったエンガノ岬沖海戦は、決戦には該当しないので除外する。

そして、いずれの海戦も日本が決定的勝利できなかったことで共通している。正規空母4隻を失ったミッドウェー海戦と、絶対国防圏の防衛をかけて臨みながら、新鋭空母の「大鳳」を含む空母3隻を失い、4隻を撃破されたマリアナ沖海戦が大敗であることは、ここでの説明を要さないだろう。

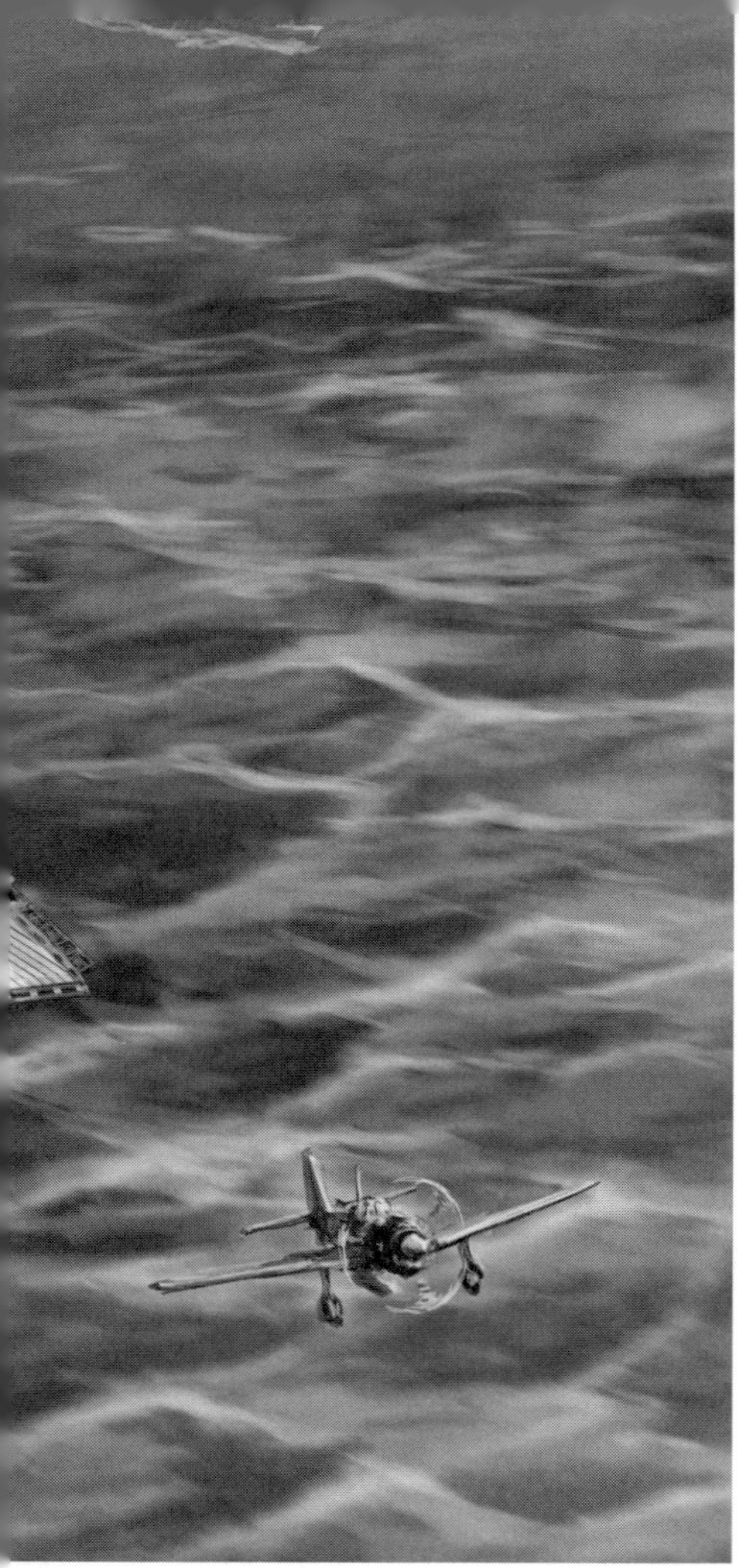

勝利を知らなかった日本の機動部隊決戦

では、ミッドウェー、マリアナ以外の海戦はどのような内容だったのだろうか。まず珊瑚海海戦は、第一段作戦のおおむね順調な推移の後、積極的攻勢の次の一手として遂行された、ポートモレスビー攻略作戦（MO作戦）中に発生した。

昭和16年12月8日、空母「赤城」は搭載機の発艦を開始、真珠湾に対する奇襲攻撃を行う。ここに日本は足掛け5年にわたる戦争に突入し、日本の空母はその主力として戦い続けることになる

ＭＯ作戦の主力は、陸軍南海支隊を護送するポートモレスビー攻略部隊であり、その安全を確保するために海軍は空母「祥鳳」を主軸とするＭＯ主隊と、第五航空戦隊の「翔鶴」「瑞鶴」を中心とするＭＯ機動部隊を投入した。これを阻止すべく、米軍は空母レキシントン、ヨークタウンの2隻からなる第17任務部隊を投入。ここに史上初の空母対空母の海戦が発生したが、結果、日本は緒戦で「祥鳳」を失い、「翔鶴」が大破したのと引き換えに、レキシントンを撃沈し、ヨークタウンを中破させたのであった。

この海戦については、敵正

太平洋戦争の緒戦期に日本機動部隊の旗艦として活躍した大改装後の「赤城」。元々巡洋戦艦として建造が開始され、ワシントン海軍軍縮条約により空母へと改装された

規空母を沈めて戦術的には日本が勝利したものの、ポートモレスビー攻略が中止されたことで、戦略的には日本の敗北と説明されることが多い。また同時代の評価では、機動部隊としては新参で練度が低い第五航空戦隊でさえ、米海軍の精鋭と互角以上の戦いを見せたことに注目が集まった。これならば歴戦の第一、第二航空戦隊主隊の機動部隊決戦であれば、米機動部隊には優勢間違いなしとの期待が否応なしに膨らんだのである。

しかし、ここでの戦術的勝利にはほとんど意味がない。それどころが戦闘結果の意味を不明瞭にする誤った解釈であろう。珊瑚海で勝てなかったことで、日本軍の行き足が止まったのだ。ポートモレスビーは遂に落とせず、戦略の見直しを強いられている。また海戦の結果、アメリカは確かに大きな打撃を受けた。しかし両国の生産力や補充力の違いを見れば、日本の方が損害は深刻であった。実際、戦力回復が間に合わなかった五航戦はミッドウェー作戦に参加できず、逆にヨークタウンは応急修理のみで参加して、ミッドウェーの奇跡の立役者となっている。

他の二つの海戦でも、経過はこれと似ている。ガダルカナル島攻防戦の最中に発生した昭和17年8月末の第二次ソロモン海戦は、陸軍部隊のガ島輸送支援として展開した日本海軍の機動部隊と、これを阻止しようとした米機動部隊との間の戦いであった。日本側は空母「龍驤」を失い、主力空母部隊では航空機約30機を喪失したうえ、陸軍の輸送も敵航空攻撃に阻まれて失敗した。

その2ヵ月後には南太平洋海戦が発生する。ガ島の陸軍の攻勢に呼応して日本の機動部隊が進出し、これを阻止すべく出撃してくる米機動部隊との激突である。この戦いでは日本側が空母「ホーネット」を撃沈し、同「エンタープライズ」を中破に追い込む一方、自軍の損害は空母2隻の損傷に抑えて、日本優勢のうちに終了した戦いとされている。

だが、損傷の中身を見ると、日本側は不時着水機23機を含む艦上機90機以上を喪失し、操縦者と搭乗員にも多くの犠牲を生じた。また日本艦隊が後退してガ島周辺海域の封鎖が解かれたことで、同島の米軍とヘンダーソン基地の航空隊は補給を得て息を吹き返している。ガ島攻防戦の文脈全体で見れば、この海戦以後、日本軍はガ島奪回の手段を失い、太平洋戦争におけるターニングポイントとなったのである。

激しい消耗を強いる機動部隊決戦

空母機動部隊同士の決戦に絞ってみると、日本軍側が堂々と勝利を主張できる戦いはなかったという結論になる。「無敵零戦」が性能、技術で劣る連合軍戦闘機を圧倒して、占領地を一気に拡大した緒戦の破竹の勢いは、空母機動部隊の上空には届いていなかったのである。

この敗北の主要因を生産力や作戦機の開発能力に求めるのは難しい。零戦に対して優位に立った米軍の艦戦F6Fヘルキャットが登場したのは、昭和18年のことであり、すでに南太平洋海戦は決着していた時期であるからだ。

雷撃機は開戦前からTBDデバステーターを装備していたが、ミッドウェー海戦で各隊合計40機以上が撃墜されたのを契機に、TBFアヴェンジャーに更新されている。しかし日本海軍艦艇を沈めまくったアヴェンジャーも、機動部隊決戦としては、第二次ソロモン海戦で「龍驤」に魚雷1本を命中させて致命傷を与えたほか

1942年6月、ミッドウェー海戦に臨むエンタープライズ艦上に並ぶデバステーターとドーントレス艦上攻撃機。米海軍艦上機の性能は日本軍機に劣ったが、それは戦果に大きな影響を与えていないといえる

は、マリアナ沖海戦で空母「飛鷹」を撃沈したに留まっている。

艦上爆撃機については、戦争を通じてSBDドーントレスが運用され、後継機のSB2Cヘルダイヴァーが姿を見せたのはマリアナ沖海戦であった。つまり、昭和17年の一連の海戦では、艦上機の差に米軍優勢の理由は求めにくい。

ところが、南太平洋海戦から1年半後のマリアナ沖海戦では状況が一変した。日本海軍は艦上機の航続距離の優位を活かしてのアウトレンジ作戦、すなわち敵の攻撃圏外から確実に先制攻撃を加える戦術を試みて、狙い通りの展開を作った。攻撃隊は合計334機にも達し、日本海軍としては空前絶後の攻撃規模であったが、蓋を開けてみれば、自爆や未帰還を含めなんと191機もの損害を出して、文字通り壊滅している。この損害を反映してか、戦果も戦艦「サウスダコタ」に爆弾を命中させたくらいで、あとは至近弾による小破に留まっている。

昭和17年の空母機動部隊同士の戦いを通じて判明したのは、損害の大きさと戦闘継続の難しさであった。珊瑚海海戦の場合、決戦を前に撃沈された「祥鳳」を外した場合、五航戦の「翔鶴」「瑞鶴」の搭載機数は121機、これに対して喪失は34機で、喪失率は3割に迫る。夜間着艦が発生し、被弾機が着艦に失敗するケースも目立ったが、このような損傷帰還機のほとんどは、着艦できても再出撃は望めなかったであろう。

この海戦の数字だけを見るならば、五航戦は補充がなければ3回の作戦で戦力を完全に喪失する計算となる。

損傷機もあるわけだから、珊瑚海海戦だけでも実質的な損害は半数に及ぶだろう。1ヵ月後のミッドウェー海戦に五航戦が参加しなかったことを、戦力の集中の原則に反する連合艦隊の驕りという批判もあるが、戦力の再建が追いつかず、参加させたくてもさせられなかったのが実態である。

この損害の割合は、ミッドウェーは言うに及ばず、先にも見たように、ガ島攻防戦の最中の二つの海戦でも増加している。発進しなければ戦いにならない以上、作戦ごとの損害の発生を避けるわけにはいかない。

そして、この作戦機の損害がマリアナ沖海戦で跳ね上がったのは、米軍の防空システムが錬成されてきたことによる。この海戦で、米機動部隊は前方にレーダー装備の警戒艦（ピケット）を多数配置し、日本軍攻撃隊を遠距離から捕捉して、的確なタイミングで確実に迎撃戦闘機を発進させ、会敵予想空域に誘導できた。

日本軍攻撃隊は陣容こそ強力であったが、全体の練度が低く、発着艦もおぼつかない未熟な操縦員が多かった。1年半の間に機材は回復できても、搭乗員の育成が追いつかなかった。それどころかソロモン諸島をめぐる戦いに、基地航空隊と同じように引き抜かれては、機材や乗員を損耗したため、なかなか母艦航空隊としての練成が進まなかったのである。その結果、百戦錬磨の米軍戦闘機に日本軍機が一方的に撃墜される「マリアナの七面鳥撃ち」が演出されたのだ。迎撃側に十分な時間を与えてしまったアウトレンジ戦術が裏目に出たとも言える。

もちろん、米海軍の迎撃網を突破した攻撃隊もいる。しかし、彼らを次に出迎えたのは、水上艦艇からの濃密な対空射撃であった。この海戦では近接信管（秘匿名「VT信管」）の威力が喧伝されるが、実際は使用砲弾の2割程度であったという。むしろ強調すべきは、空母を中心とした輪形陣から放たれる各種口径の対空砲火が、高々度から低高度までまんべんなく強力かつ濃密であったため、攻撃機は常時、対空砲火に晒されていたことであった。近接信管はこの防空システムとの相乗効果で威力を発揮したのであり、絶え間ない対空砲火のプレッシャーで、攻撃隊の命中精度が上がらなかったのであった。

一方、日本軍もレーダーを実用化し、輪形陣を採用して対抗しようとしたが、米軍のように個々の防空能力を有機的に結びつけた防空システムにはなっていなかった。結果として、防空で期待できるのは直掩機くらいしかなかったのである。

寝た子を起こした真珠湾奇襲の結果

長足に進歩を続ける航空機の威力は、太平洋戦争の開戦時には伝統の大艦巨砲主義を追い抜いていた。しかしその事実に大多数の関係者が気付いていないままに、日米の二大空母保有国が交戦状態となったのだ。

空母機動部隊の威力は真珠湾攻撃で立証されたわけだが、連合艦隊は奇襲成功によって獲得した米海軍に対するリードを決定的勝利に結びつけられなかった。そして機動部隊の用兵術を先に確立したのは、アメリカであった。

だが、米海軍も最初から航空主兵に舵を切っていたわけではない。真珠湾攻撃で戦艦部隊が壊滅したため、戦力再建まで手持ちの空母を最大限活用しなければならない現実に迫られた結果なのである。更迭されたハズバンド・キンメル大将に替わり、太平洋艦隊司令長官に就任したチェスター・ニミッツ提督は、空母を中核とした任務部隊を複数編成し、日本軍の弱点に対する一撃離脱攻撃を実施することから戦略を組み立てた。当面の守勢はやむを得ないとしても、攻撃こそが海軍の存在意義という原則は崩さなかったのである。

機動部隊を活用した最初の反撃がマーシャル・ギルバート諸島空襲である。真珠湾攻撃から3ヵ月後の昭和17年2月の作戦であったが、南方作戦にかかりきりの連合艦隊は、敵空母出現の報告に対して、トラック島から南雲機動部隊を出撃させて捕捉を図るも失敗した。

現実問題として、連合艦隊にはこのゲリラ戦術に対して打つ手がなかった。敵機動部隊の動向を遠方から察知する偵察、哨戒能力が不足していたので、攻撃を受けてからの対処しかできなかったからだ。機動部隊による哨戒は有効であるが、所在も不明な敵艦隊の捜索に貴重な機動部隊をいつまでも投入しておく余裕はない。そして、この機動襲撃の成功が4月のドーリットル空襲を導いたのである。

このように、日本軍は破竹の進撃を続けているようでいて、側面となる中部太平洋は無防備であった。その間に米海軍は空母の運用技術を向上させて、主導権の一部を日本から取り戻していたのであった。

1941年12月、ハワイ攻撃を控え、「蒼龍」艦上に並ぶ九九式艦上攻撃機。空母機動部隊の威力は戦史に大きな画期を記したが、実は空母対空母の決戦において日本は決定的な勝利を収めたことがない

側背を敵機動部隊に荒らされているにもかかわらず、まず南雲機動部隊をインド洋に投入していたことの可否は判断が難しい。ここで米空母を叩くべきだったというのは結果論であるし、インド洋作戦がもしもっと徹底して実施されていれば、連合国には反撃手段がなく、イギリスがインド洋、アラビア海の連絡を失っていた可能性さえある。無論、日本にはインド洋で永続的な攻勢を継続する計画も準備もなかったのが、インド洋に日本の目が向くことだけは、連合軍は絶対に避けねばならなかった。

いずれにしても、空母機動部隊こそが海戦の勝敗の鍵を握ることは、昭和17年の早い段階で日米とも共通認識になっていた。しかしここから日米の置かれた状況により、違いが生じるのである。

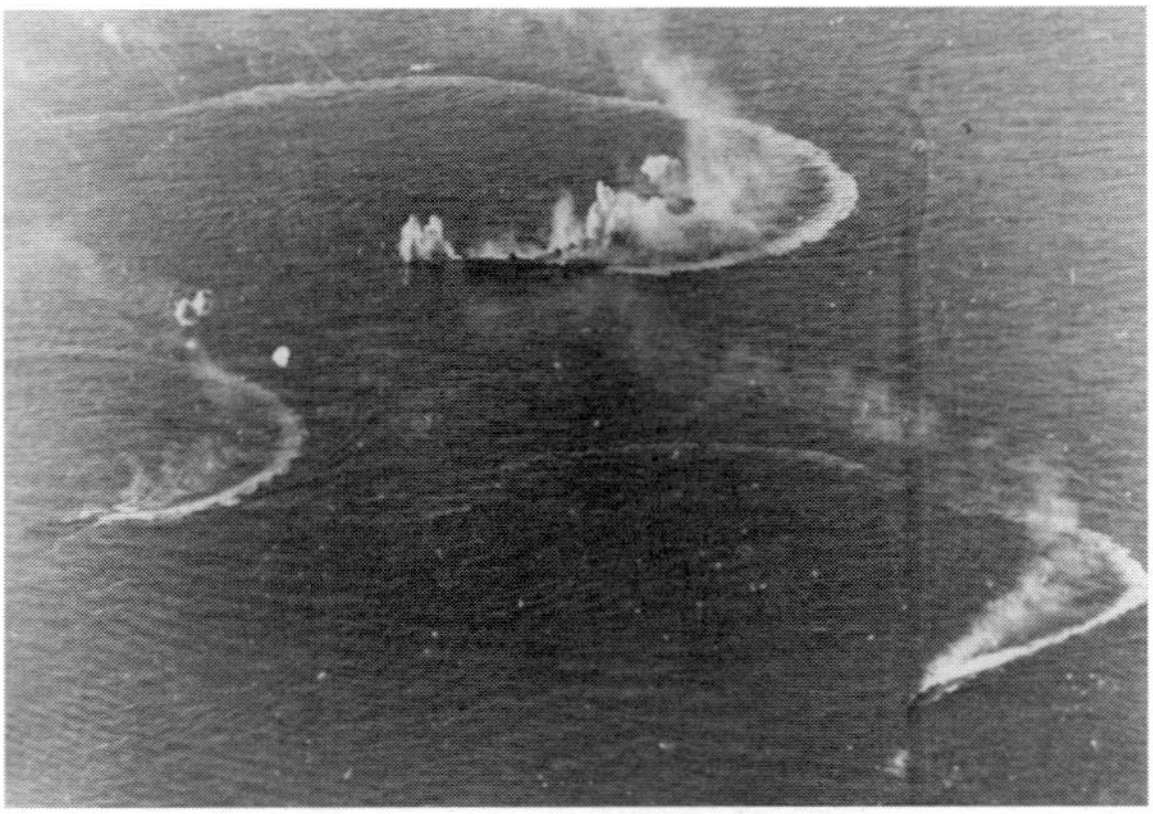

1944年10月のエンガノ岬沖海戦で米軍機の攻撃を回避せんとする「瑞鶴」(中央)。マリアナ沖海戦後、日本機動部隊は事実上壊滅し、もはや再建することはできなかった

日本海軍は長らく漸減邀撃構想のもとで各種戦力の整備を進めていた。だが、これは敵主力艦隊の日本来寇を前提としていた構想であるため、敵空母による一撃離脱作戦への対処などは考慮されていなかった。一方、真珠湾で戦艦部隊を一挙に失った米海軍は、結果として戦前の艦隊決戦構想のようなレガシー（遺産）から切り離されて、空母中心の艦隊編制という新時代の海軍に脱皮していたのである。

このように見れば、昭和17年6月のミッドウェー作戦は、戦前から長い準備をかけてきた日本海軍の守勢戦略が破綻したのを受け、危険を承知で積極攻勢に出るしかないという、追い詰められた状況下での判断から生じたものであった。

それでも、もし連合艦隊を迎え撃つのが従来の米太平洋艦隊であれば、作戦レベルで互角以上に戦えたかも知れない。しかし鮮やかすぎる敵港湾奇襲作戦が、最強国家の手元に新時代の海軍を召喚してしまったことの意味を、当時の状況下では連合艦隊司令部に理解できるはずはなかった。作戦や戦術の視点ではなく、時代の変化、歴史の転換点という大きな文脈からミッドウェー海戦を見たとき、連合艦隊の敗北は必然であったのだろう。

とはいえ、日米とも空母という新兵器を前面に押し立て、前例のない戦争に苦闘していた事実は変わらない。そして名実ともに世界最強のアメリカ海軍を敵に回し、連合艦隊が数度かの決戦機会を作りながら、昭和18年が暮れるまで、2年以上も拮抗した状況を作り出せたのもまた、空母の力なのであった。

第二章

日本海軍の興亡を左右した「戦艦」

日本海軍は12隻の戦艦を擁して太平洋戦争を戦った。
しかし世界最大の大和型戦艦をはじめとする
日本の戦艦部隊はほとんど力を発揮できなかった。
なぜ日本海軍が期待をかけた戦艦は活躍できなかったのだろうか。

戦艦とともに飛躍した日本海軍

太平洋戦争における日本海軍の戦艦を知るには、明治海軍の歴史からたどる方が面白い。日本戦艦の歴史は、日本海軍の歴史そのものであるからだ。

旧体制を打破して近代化を目指した明治日本の優先課題は軍の近代化であった。維新政府の建軍は戊辰戦争の最中から始まっており、組織の上では陸海軍は並立していたが、近代化を目的とする資源や予算は陸軍に優先された。

しかし日本が対外進出に転じるのに呼応して、海軍も近代化を必要とする。そんな明治海軍の最初の試練は、明治27（1894）年の日清戦争であった。この戦争の日本軍は、朝鮮半島に展開した主力軍の兵站が海軍に委ねられるという、豊臣秀吉の朝鮮出兵以来の状況で戦わねばならなかった。それも、ある程度は現地の徴発や略奪で維持できた時代とは異なり、ほとんどの物資を本国から輸送しなければならないので、海軍にかかる負担は比較にならないほど大きかった。それを、日本より優勢な清国海軍と対峙する中でこなさねばならなかったのである。

実際、両者の決戦となった同年9月の黄海海戦では、戦力として計算できる主力艦の比較で、清国海軍の戦艦2隻、巡洋艦8隻に対して、日本は巡洋艦10隻であった。清国の戦艦「定遠」「鎮遠」の2隻は、厳密には装甲艦の特徴を残した黎明期の戦艦であるが、正面からの砲撃戦では、日本艦隊には明らかに分が悪い相手となる。

しかし、蓋を開けてみれば勝利したのは日本であった。この勝因、あるいは清国海軍の敗因については様々な研究、論考があるが、海軍に視点を絞るならば、日本の方が新たな時代の海戦に即した艦隊編制を選び、また練度でも優れていたことが主要因として認められるだろう。

日清戦争で完勝した日本は、獲得した多額の賠償金で重工業を興し、軍備を充実させ、明治37（1904）年からの日露戦争では戦艦6隻を擁する大勢力となった。もちろん大国ロシアの海軍はこれに倍する陣容であったが、日本海軍は戦力集中による各個撃破、そして海戦における的確な戦術的工夫によって、戦艦8隻を擁するバルチック艦隊を日本海海戦で壊滅させた。

日露戦争における一連の海軍の勝利は、輝かしい日本海軍の戦歴であり、海戦史のみならず世界史的な事件でもあった。また、この二つの戦争を通じて、当時の日本海軍は世界でももっとも実戦経験豊富な海軍になったともいえる。例えば、ヨーロッパでは1866年にオーストリア帝国とイタリアの間でリッサ沖海戦が行われたくらいで、経験に乏しい状況が続いていた。それだけに日露戦争は各国海軍関係者に大きな影響を与えたのである。

不健全な軍事予算と海軍の独り相撲

日露戦争の勝利は、日本の戦争の終わりではなかった。中国に利権の足場を得て大陸進出を本格的に開始した日本にとって、ロシアと中国は引き続き明確な脅威であった。しかし、海軍にとっては、仮想敵は消滅したも同然である。海軍が、日露戦争を勝利に導いた偉大なる大艦隊を引き続き保有し続けるには、強力な敵が必要であった。

その海軍の〝願望〟が形になったのが、明治40（1907）年に明治天皇に承認された「帝国国防方針」であった。これは今後の日本の国防と軍事戦略の基本方針を定めたものであるが、この中で仮想敵はロシア、アメリカ、ドイツ、フランスとされたのである。

1920年代の日本戦艦群。手前から「長門」「霧島」「伊勢」「日向」。戦艦は戦局を決定づける決戦兵器として期待されていたが、太平洋戦争でそんな局面は訪れなかった

問題はこの仮想敵が現実の日本を取り巻く状況を反映していないことであった。ロシアを仮想敵としたのは陸軍の要望であり、ロシアに対処できる実力があれば中国は当面問題ではない。

ドイツ、フランスには、日露戦争後の日本にパワー・プロジェクション（戦力投射能力）を及ぼす力はないが、日露戦争の遠因となった三国干渉に名を連ねていたことへの警戒だろう。では、なぜアメリカが入っているのであろうか。日露戦争の講和交渉を、どちらかと言えば日本寄りに主導したのはアメリカであり、本来、日米関係は良好であったはずだ。それが数年で仮想敵に変じてしまったのは、多分に日本側、特に海軍の都合であった。この時期に大艦隊を保有し続ける意味として説得力がある仮想敵となる国は、アメリカしかいなかったからだ。

確かに日露戦争後の日米関係は、中国市場をめぐる問題や、渡米した日系移民問題で衝突をするようになる。しかしそれがアメリカに匹敵する大艦隊を維持しなければならないという、海軍の動きと釣り合うものではない。日露戦争以前は明確な国防上の理由から艦隊戦力を整備していた日本であったが、アメリカを仮想敵とするのは、国防上の要求よりも、組織防衛があからさまに先立っており不健全である。

しかも、一度仮想敵と設定してしまえば、戦争への歯車は勝手に回り出す。敵意には敵意で応じられるのが道理であり、日露戦争後の日米関係は、互いに仮想敵視がエスカレーションしていくのである。そして両者の対立は、互いを隔てる太平洋を意識して海軍に集中し、いっそう大規模な艦隊建造計画が具体化するのである。

そのような状況下で大正3（1914）年に第一次世界大戦が勃発すると、アメリカは参戦に備えて「世界一の海軍」の建設に邁進。日本海軍もアメリカの7割の艦隊戦力保持を目指して、八八艦隊構想を推進していた。これは一線級の戦艦と巡洋戦艦をそれぞれ8隻ずつ常備艦隊として整備するという艦隊建造計画である。八八艦隊計画は最終的に議会で予算承認を受け、戦時下でもないのに軍事費が対GDP比で30％を超えるような異常な状況が続いてしまう。これほどの国富を投じてまで守るべき対外利権が不明瞭なままに、起こすべからざる戦争に備えて、まるで日本海軍が独り相撲を取っているような有様であった。

軍縮条約と戦艦の運用

このように、日露戦争後も日本海軍は戦艦をはじめとする主力艦の整備増強に努めた。ところが仮想敵国である米英は、第一次世界大戦を戦う中で、日本とは違う結論に達していた。イギリスの海洋覇権に、ドイツ帝国が真正面から勝負を挑み、建艦競争に打って出たのが世界大戦の要因の一つであった。しかし、両軍の膨大な戦艦や巡洋戦艦には世界大戦を終わらせる力がなかったのである。

戦後の講和条約により、欧州において英米に海軍力で対抗できる国がなくなったこともあるが、戦艦という艦種そのものがコストに見合わぬ兵器という認識に至った英米両国は、海軍軍縮に舵を切る。これが大正10（1921）年から始まるワシントン海軍軍縮会議である。

この会議は、主力艦の保有比率を国力に応じて固定して、新造艦の建造に大きな制約を設けるのを目的とし

「河内」型戦艦を基に、国産初の超ド級戦艦として建造された「扶桑」。開戦時は旧式化しており、2番艦「山城」は一時練習艦ともなっていた

ていた。日本海軍も八八艦隊の推進で財政的にパンク状態であり、軍縮には同意であった。しかし、英米が日本の保有比率を六割に抑え込もうとしていたのに対して、日本側は七割の主力艦（すなわち戦艦）保有枠に固執した。仮想敵のアメリカに対して、「防勢艦隊」となる日本が能動的に作戦を展開するには、最低限必要な戦力として対英米七割の艦隊戦力を見積もっていたためである。しかし英米の協調を崩すことはできず、日本は対英米六割の軍縮条約にサインするほかなかった。

この条約により、日本海軍は扶桑型（「扶桑」「山城」）、伊勢型（「伊勢」「日向」）の各2戦艦と、金剛型（「金剛」「比叡」「榛名」「霧島」）巡洋戦艦4隻を保有。加えて就役直後の長門型（「長門」「陸奥」）戦艦2隻、合計10隻の保有が認められたが、建造中の天城型巡洋戦艦と土佐型戦艦は廃艦処分となった。しかし日本は昭和11（1936）年に条約を脱退。間もなく大和型（「大和」「武蔵」）戦艦2隻を建造しながら、太平洋戦争に突入することになる。これが太平洋戦争中に戦力として期待された12戦艦のあらましである。

では、日本海軍はこの12戦艦をどのように運用しようとしたのだろうか？　日本海軍は対米戦略として「漸減邀撃構想」を描いていた。日本海軍は防衛側であるが、日本に近い西太平洋では絶対的勢力である。したがって、まずはアメリカの植民地であるフィリピンを陸海軍協同で攻略し、これを救援するために来寇する米艦隊主力を日本近海で迎撃するというのが戦略の骨子である。この構想は第一章〈「航空母艦」の衝撃と誤算〉で繰り返し触れたが、戦艦を軸とする視点では、日露戦争においてロシア本国を出撃し、地球を半周して来寇したバルチック艦隊を迎撃した日本海海戦の構図を、米艦隊相手に再現するというものである。

艦隊編制からもそれは明確だ。日露戦争以来、日本海軍では決戦艦隊として戦艦で編成された第一艦隊と、防御力は劣るが速度に優れ、火力も同等の装甲巡洋艦（後に巡洋戦艦）で編成された第二艦隊が常設されていた。

この第二艦隊は長らく金剛型巡洋戦艦が主力を務めていたが、近代化改装による速度低下で、艦種としては戦艦に変更されて第一艦隊の所属となった。しかし戦艦と同等に扱うには、速度と防御力のミスマッチもあるため、さまざまな状況にも投入されうる高速戦艦として含みを持たされた。ちなみに「金剛」型が抜けた第二艦隊は、重巡洋艦中心の編制となった。それだけ第一艦隊が増強されたことを意味する。

太平洋戦争に参加した12戦艦のプロフィールは次のようになる。国内建造の準ド級戦艦、河内型戦艦をベースに開発された国産超ド級戦艦の扶桑型2隻と、その改正型の伊勢型2隻、世界初の長砲身型41cm（16インチ）主砲を搭載した長門型2隻、高速戦艦の金剛型4隻、そして46cm（18インチ）主砲を搭載した世界最大の大和型戦艦2隻である。

こう見ると、大和型を除けば古い戦艦ばかりである。第一次世界大戦中に起こったジュトランド海戦では、戦艦同士の砲戦距離が想定より大きくなっていた。これにともない主砲弾は最大距離付近で空気抵抗により失

世界でも7隻しかない40cm砲搭載戦艦として、日本国民の誇りともなった「長門」。"ビッグセブン"とも呼ばれ、日本の国威の象徴的存在でもあった

速し、深い角度で艦の上から落ちてくる。したがって、それまで注目されていなかった甲板の防御力——水平防御力が、戦艦の防御力を左右することが明らかになった。

大和型はこうした戦訓を充分に採り入れて設計されているが、長門型でかろうじて設計に反映されている以外、伊勢型までの8隻は古い設計思想に留まっていた。近代化改修で防御力強化に務めたものの、不安が残る戦艦であるには変わりなかったのである。

なお、米海軍は16インチ主砲搭載艦として、長門型と同等のコロラド級3隻のほか、さらに新しいノースカロライナ級2隻を揃え、大和型の建造とほぼ同時期にサウスダコタ級3隻を建造中であった。

出し惜しみされた〝決戦兵器〟

昭和16（1941）年12月、第一機動艦隊——南雲機動部隊がハワイのオアフ島真珠湾基地を奇襲攻撃して、太平洋戦争が始まった。この作戦の主力は正規空母6隻であり、戦艦は「比叡」と「霧島」が支援部隊として帯同したのみであった。もっとも作戦自体は大成功であり、この2隻の出番がなかったことは喜ぶべきであろう。

だが、続く南方攻略作戦でも、戦艦には出番がなかった。もっとも漸減邀撃構想に立てば、戦果拡張は敵主力艦隊を誘引するための手段なので、戦艦に出番がないのは自然であろう。唯一、シンガポールのイギリス東洋艦隊主力、巡洋戦艦「レパルス」と戦艦「プリンス・オブ・ウェールズと」の交戦に備えて、「金剛」と「榛名」が出撃していたが、基地航空隊の陸攻の攻撃で英戦艦2隻が撃沈され、水上艦同士の交戦はなかった。このように、緒戦において金剛型戦艦4隻だけは高速戦艦として期待された「さまざまな任務」をこなし、日本軍の勢いは維持された。

だが、昭和17（１９４２）年6月のミッドウェー作戦で状況がおかしくなった。これは正規空母4隻を擁する南雲機動部隊を主力とした機動部隊の決戦と予想された作戦であった。機動部隊には真珠湾に続き、「比叡」「霧島」が帯同したが、問題はこの機動部隊に、連合艦隊司令部とともに、戦艦「大和」以下、戦艦合計7隻の大艦隊が主力部隊並びにミッドウェー島攻略部隊との名目で後続していたことである。

そしてミッドウェー海戦は、現地時間の6月5日に「飛龍」を除く3空母が大破炎上するという、思いも寄らぬ事態に陥ってしまう。ところが、この敗北の危機に際して、主力戦艦部隊は距離が離れすぎていて何もできなかった。夜戦による逆転を狙って前進を続けたものの、その間に「飛龍」も喪失。結局、敵情も不明な中での作戦継続は危険と判断され、引き返すほかなかったのである。

ミッドウェー海戦は、敵航空優勢下では戦艦は決戦兵器として使えないという事実を、彼ら自身の判断によって連合艦隊に突きつけた。無論、漸減邀撃構想の下で、航空戦力を軽視していたわけではない。実際、まず空母部隊、基地航空隊が航空戦を制してから、戦艦部隊が決戦に臨むという段取りが、航空機導入と同時に研

昭和17年5月29日、ミッドウェー攻略の主力部隊として瀬戸内海をゆく日本戦艦。先頭から「大和」「長門」「陸奥」「伊勢」「日向」。日本の戦艦群は、当時まさに世界最強の水上戦闘艦部隊だった

究されていたからだ。しかし1930年代の航空機の能力向上速度は予想以上であり、航空攻撃で戦艦を撃沈破できる可能性も無視できなかった。

実際、戦艦に対する航空機の優位性は、1940年11月11日にイギリス海軍が実施したイタリア海軍のタラント軍港空襲作戦によって証明されていた。この作戦では空母「イラストリアス」を発艦した21機の旧式雷撃機グラディエーターが、伊戦艦3隻を撃沈破したのである。続いて、日本海軍が真珠湾、そしてマレー沖海戦でも戦艦への航空攻撃を成功させた。つまり、日本海軍は自ら兵器としての戦艦の価値低下を招いたことになる。ミッドウェーに出撃した戦艦部隊は、南雲機動部隊の勝利を前提とした後詰めの戦力に過ぎなかった。その規模に見合わず、自ら状況を作れる部隊ではなかったことを、連合艦隊自身が証明しているのだ。手柄を上げられずにいた戦艦部隊の将兵を喜ばせるためだけの出征という、当時からの批判は的を射ていた。

ミッドウェーの大敗を受けて、日本海軍は7月に艦隊編制の大再編を行った。空母機動部隊である第一航空艦隊は廃止されて、第三艦隊として建制化され、金剛型4隻のうち「金剛」「榛名」が第二艦隊、「比叡」「霧島」が第三艦隊に移された。この4隻は、高速戦艦としていっそう柔軟に運用できるようになったのである。

この再編直後の8月にガダ

ルカナル島攻防戦が発生する。山本五十六連合艦隊司令長官は、旗艦「大和」をトラック島まで進出させて、この攻防戦への意気込みを示した。ところが第一艦隊の戦艦群はほとんど動かなかった。
代わって活躍したのが高速戦艦群である。陸軍のガ島奪回作戦に呼応して、10月13日に「金剛」「榛名」の2隻がヘンダーソン飛行場への艦砲射撃を成功させた。しかしこの再演を目論んで「比叡」「霧島」を投入した11月の作戦は、米艦隊の阻止に遭い、11月12日からの第三次ソロモン海戦で「比叡」「霧島」を相次いで失った。特に15日の第二夜

戦では、「霧島」が敵戦艦「ワシントン」、「サウスダコタ」と遭遇戦となった。この夜戦で「霧島」は「サウスダコタ」を戦闘不能に追い込みつつも、「ワシントン」の攻撃で撃沈されて、海戦は終了したのであった。

なぜ戦艦の決戦は起こらなかったのか

なぜ日本海軍の主力戦艦は積極的に投入されなかったのか。とりわけ「大和」「武蔵」は、身内に向けては世界一の大戦艦と称されながらほとんど泊地から動かないため、身体を張って戦線を支えている駆逐艦乗りなどから「大和ホテル」「武蔵屋旅館」と陰口されたのは有名な話だ。

これはひとえに第一艦隊の戦艦が決戦兵力であるとの建前による判断であった。とりわけ第一艦隊の第一戦隊は連合艦隊司令部の直率という特殊な立場である。この戦隊の出撃は、すなわち連合艦隊司令部が最前線に立つ決戦を意味していた。したがって、第一戦隊を編成していた大和型の2隻が前線に出にくいのは、組織としては自然な判断であった。大和型の2隻が戦局に応じて出撃できるようになるには、軽巡「大淀」に連合艦隊司令部が移る昭和19（1944）年5月を待たねばならなかった。

戦局が戦艦の出撃を求めなかったという見方もある。確かに速度の問題でトラック、あるいはラバウルから敵空襲を避けてガ島方面に進出するのは難しかった。しかし、第一艦隊の投入を逡巡した最大の要因は、ガ島攻防戦が連合艦隊の想定していた決戦ではなかったからだ。

また漸減邀撃構想の欠陥も露呈した。米艦隊が西太平洋に長駆遠征してくるというのが漸減邀撃の前提であるが、米海軍の方ではフィリピン陥落は不可避のコラテラル・ダメージ（やむを得ない損害）と割りきり、中部太平洋、すなわちミッドウェーやハワイなどに来寇する日本艦隊を迎撃してから反撃に転じる戦略を練っていたのであった。

したがって、もし真珠湾奇襲攻撃がなくても、米太平洋艦隊主力が日本の勢力圏に早急に飛び込んでくる可能性は低かった。これでは決戦の条件が整わない。また、開戦劈頭の真珠湾で戦艦部隊が壊滅したことにより、米海軍が否応なしに空母と航空機を主力とする変質を迫られ、結果として空母運用で日本に先行したことは第一章で触れたとおりである。

史上空前絶後の大戦艦として、46cm砲9門を搭載した最後の日本戦艦「大和」。もし戦艦対戦艦で戦えばその46cm砲が大きな威力を発揮したかもしれないが、その機会はついになかった

ガ島失陥後、米軍はカートホイール作戦を発動して、中部ソロモン諸島と東部ニューギニア、二軸の攻勢を発動し、日本軍は防戦一方となった。そして昭和19年2月にはトラック島に大空襲を受けて反攻の足がかりを喪失。さらに6月には、ようやく再建がかなった空母機動部隊がマリアナ沖海戦で完敗したのであった。

その後、米軍はフィリピンへの侵攻を開始した。だが、これは見方によっては漸減邀撃構想で想定していた展開でもある。敵の航空優勢は基地航空隊の攻撃で相殺し、残余の空母で敵機動部隊を主戦場から切り離す。あとは敵の水上打撃部隊が護衛する上陸輸送船団を戦艦で叩く。この決戦条件に日本海軍は賭けた。

そうして発動されたのが10月末のレイテ沖海戦であったが、結局、主力とされた栗田健男中将の第一遊撃部隊が主導権を握れず、航空機の波状攻撃でシブヤン海にて

巨大なキノコ雲とともに爆沈した「大和」。その最後はまさに日本海軍と戦艦の時代の終焉を象徴するものであったといえよう

戦艦「武蔵」を喪失。サマール島沖では敵護衛空母群に遭遇するものの、壊滅させることができず、進撃を阻止されてしまったのであった。

　別働隊としてスリガオ海峡から侵攻した西村艦隊では、戦艦「扶桑」と「山城」が、米第7艦隊の戦艦群や護衛艦艇の伏撃にあって撃沈された。このスリガオ海峡海戦は一方的な戦いであったが、初の国産超ド級戦艦が、敵戦艦との砲撃戦に敗れた最期は、まだ他の友軍戦艦よりは納得のいく終わり方であったかもしれない。

　そして昭和20（１９４５）年4月7日、沖縄に来寇した米艦隊に殴り込みをかけるべく、戦艦「大和」と第二水雷戦隊の残存艦隊が出撃した。これを察知した米海軍は、当初、戦艦部隊による砲撃戦での決着を図ったが、「大和」の進路が不明であったことから、航空攻撃に切り替えられた。

　こうして発生した坊ノ岬沖海戦は、終始一方的な航空攻撃となり、雷撃が集中した「大和」は転覆後、海中爆発で真っ二つになって沈んだ。戦艦の力で一流の座を掴んだ日本海軍は、戦艦「大和」とともにその歴史を終えたのであった。

第三章

戦術用途優先で埋没した「軽巡洋艦」

水雷戦を艦隊決戦の切り札としていた日本海軍は、
軽巡洋艦に水雷戦隊の指揮を委ねていた。
その中核である5500トン型軽巡は世界的にも優れた艦艇であったが、
戦場の変化に合わせられず、開戦後は不本意な働きを強いられたのである。

主要海軍における巡洋艦の傾向

現代にも続く巡洋艦という艦種の歴史は古く、帆船時代まで遡る。その中で第二次世界大戦に活躍した巡洋艦の起源は、19世紀末に確立された装甲巡洋艦と防護巡洋艦の二種類に行き着く。

装甲巡洋艦は艦隊決戦において速度と火力で戦艦の戦いを補助する役割が期待された艦種で、やがて巡洋戦艦や、軍縮条約に定義される重巡洋艦の方向に進化する。

防護巡洋艦は機関室の天井を構成する甲板のみ防護甲板として装甲化しただけの軽防御な艦艇である。日露戦争後は航洋性を高めた快速偵察艦としての役割を期待されるようになった。

間もなくタービンが普及し、ボイラーも小型高性能化すると、舷側にも装甲を施せるようになり、軽装甲巡洋艦という艦種に発展する。これが短縮されて軽巡洋艦と呼ばれるが、後に軍縮条約によって規定される軽巡洋艦とは、重複する部分もあるが、分類としては別物である。

この偵察艦としての巡洋艦を確立したのは、大正３（１９１４）年にイギリスで就役したアリシューザ級軽巡（初代）であった。常備排水量３７５０トンのこの船は、ヤーロー式重油専焼缶を８基搭載したことで、前級のタウン級より約１０００トンも軽量化されながら、16ノットでの航続距離では、タウン級よりも８００海里（１５００㎞）以上も増大している。海外に広大な植民地を持ち、敵対するドイツ海軍艦艇の通商破壊に対抗するのに理想的な偵察艦であった。

日露戦争後、アメリカを仮想敵とした日本海軍でも、太平洋で行動できる偵察巡洋艦が必要とされた。この巡洋艦には水雷戦隊を牽引して敵の艦列に突破口を作る、決戦戦力としての役割も期待されていた。これを受けて建造されたのが、大正８（１９１９）年に就役した天龍型巡洋艦である。

アリシューザ級の最高速度は30ノットに届かなかったが、天龍型の場合、駆逐艦隊を引っ張る都合から高速が必要で、日本初のギヤード・タービンを採用して、33ノットを発揮できた。しかし、天龍型は江風型駆逐艦を大型化した、嚮導駆逐艦的な船でもあった。

船体はアリシューザ級より小さく、重油石炭混焼缶で、兵装は14センチ単装砲4門と、基本性能は控えめであった（アリシューザ級は15・2センチ砲2門だが、10・2センチ高角砲を6門搭載していた）。ただし水雷戦隊指揮の必要から、天龍型が53センチの三連装魚雷発射管を2基搭載している点に、イギリスと日本の用兵思想の違いが明確に見てとれる。

世界の巡洋艦の趨勢にコミットして最初に建造された天龍型巡洋艦。しかしアメリカの新型大型巡洋艦の登場によって陳腐化、2隻で打ち切られた

当初、日本海軍は八八艦隊の実現に備えて、偵察巡の真打ちとして7000トン級の大型軽巡を検討していた。そこで天龍型はこれを補助する小型軽巡として、8隻を建造予定であった。ところが、アメリカが建造するオマハ級軽巡が、砲撃力を強化した7500トン級の船であると判明すると、天龍型の価値が低下して、2隻で建造中止となったのである。

日本独自の軽巡洋艦5500トン型

オマハ級に対抗するために、日本は新型軽巡の開発に着手するが、当時、先進国海軍はおおむね次のような役割を巡洋艦に求めていた。

①主力艦隊の偵察艦として、敵主力艦隊を捜索する。これに連動し

中型巡洋艦とも呼ばれた5,500トン型軽巡の第一弾、球磨型。水雷戦隊の旗艦とすることを念頭に、天龍型の拡大型として5隻が建造された

て発見した敵艦隊まで友軍を誘導する。

②通商破壊戦を実施し、または敵の通商破壊を阻止する。

③植民地を警備する。

④嚮導艦や戦隊旗艦として水雷部隊（駆逐艦隊）を指揮する。

⑤敵艦隊の前衛である巡洋艦隊と交戦、艦隊戦では敵巡洋艦、駆逐艦隊の接近を阻止する。

イギリスの場合は②や③を強く意識した巡洋艦設計となるが、オマハ級は①と⑤の要素が強く、またフィリピン防衛から③も当てはまる。日本の軽巡は、②と③に関連する国益は英米ほどではないので、①と④、⑤の役割が強く求められた。

このような需要と、オマハ級に対抗するマッチングのため、日本海軍では白紙になった天龍型の追加建造分を、より大型で強力な軽巡に変更しようとしたのである。

具体的に重視されたのは片舷斉射力の大幅向上と、航洋型駆逐艦と同等の速力、そして強力な指揮通信能力であった。これらを反映した基本仕様は、排水量５５００トン、14センチ砲7門、53センチ魚雷の連装発射管4基、速力36ノット、これらに航空艤装も可能なものとされたので、天龍型を遥かに凌駕した。基本的な設計ではイギリスのダナイー級軽巡を参考にしているが、運用思想の違いを反映して、日本の独自設計もかなり盛り込まれている。

中型巡洋艦とも呼ばれたこの巡洋艦は、最終的に15隻も建造された。排水量から５５００トン型軽巡とも総称されるが、建造時期や仕様の違いでグループ化されているので、子細に見ておきたい。

最初に建造されたのは球磨型の6隻で、ネームシップの「球磨」は大正9（1920）年に就役した。偵察機は計画中に追加された装備であったため、艦尾に近い機雷庫を格納庫に転用。水偵は分解状態でしか搭載できず、運用時は後部マストにデリックを立て、機体を組み立ててから海面に下ろして発進するしかなかった。現実問題として、これでは外洋での水偵運用は不可能であった。

次の長良型6隻では雷装を61センチ魚雷に強化。また偵察機の運用能力を高めるため、艦橋を大型化して格納庫を設け、飛行機積み込み用のデリックを装備。偵察機は前甲板上に突き出た滑走台から発艦させる仕様となった。しかし機体の収容ができず、長良型から発進した偵察機は陸上基地に向かうか、着水して搭乗員のみを回収するという、現実的ではない運用しかできなかった。昭和に入っての近代化改修によって、ようやく水上機をまともに運用できるようになったのである。

最後の川内型3隻は長良型とほぼ同じだが、それまでの三本煙突から不揃いな四本煙突になった。これは日本海軍の全般的な近代化により増加した重油消費量を抑える

球磨型に続く5,500トン型軽巡の長良型。6隻が建造されたが航空機運用はまだ実用的ではなく、ようやく改装によって偵察機が運用できるようになった

5,500トン型の掉尾を飾る川内型。4番艦は建造が中止され、3隻が就役した。5,500トン型は開戦時すでに旧式化していたが、艦艇不足により第一線で戦い続けた

世界的にも高い評価を得た「夕張」。実験艦的な性格の画期的な設計だったが、発展性がなく、1隻のみの建造で打ち切られた

ため、川内型では石炭の使用比率を増やした結果による。

５５００トン型は世界的にも評価された成功作であったが、海軍では世界大戦後の不況により、できるだけ低予算で５５００トン型と同等の巡洋艦建造を図った。これが大正11（１９２２）年から翌年にかけて建造された軽巡「夕張」である。

「夕張」は３０００トン内外の船体に５５００トン型と同等の砲雷撃力を詰め込んだ画期的な設計の艦であった。登場するや海外の海軍関係者を驚愕させ、ジェーン海軍年鑑に特記項目付きで説明される異例の扱いになったのは有名な逸話である。ただし、速力こそ５５００トン型と同等であったが、後続距離が駆逐艦よりも小さく、また航空機も搭載できない。余りにも発展余地がないため、「夕張」の建造は1隻で打ち切られたのであった。

欧米の軽巡の動向と日本の実態

昭和５（１９３０）年のロンドン海軍軍縮条約で、巡洋艦は主砲口径を基準として、いわゆる重巡と軽巡に区別された。こうなると、日本では艦隊決戦戦力としての重巡の増勢が課題となる。

例えば、昭和６（１９３１）年に起工された最上型巡洋艦は、最初、天龍型および球磨型の老朽艦４隻の代艦として計画され、８５００トン

有事には主砲を20センチ砲に換装して重巡とする前提で建造された"ニセ軽巡" 最上型。船体は1万トンに達し、続く利根型も同様の意図を秘めていた

級の軽巡（乙巡）と公表されていた。だが実際の船体サイズは条約制限の1万トンに達していた。これはいったん軽巡として完成させ、いざ戦争となった時に主砲を20・3センチ砲に換装して重巡洋艦に変えてしまう目的が隠されていたからだ。軽巡としては船体が不自然に大きく見えてしまう為、わざわざ三連装砲塔を開発して船体サイズと帳尻を合わせている。続く利根型巡洋艦2隻も、主用途は航空偵察に特化した軽巡洋艦であったが、最上型と同じ意図が隠されていた。

　だが、言わば〈ニセ軽巡〉の取得を通じて重巡洋艦が充実する一方で、本来の軽巡洋艦がわりを食った。５５００トン型軽巡は建造数が多く、また航空艤装以外は使い勝手も良かったため、後継軽巡開発が先送りされ続けたのである。

　この間、巡洋艦をめぐる世界の趨勢は日本とは大きく異なっていた。鍵は航空機の進化である。第一次世界大戦で実用化された軍用航空機は、進化が非常に早かった。主力艦の建造が、計画から竣工まで5年前後の時間を要するのに対して、航空機はその時間で容易に一世代分の進化を遂げてしまうのである。

　特にイギリス海軍は、地中海などでは主力艦隊の作戦海域が陸上機の航続距離に入る懸念があったので、艦隊の防空に特化した船が必要とされた。そこでまず実験的に老朽艦のC級軽巡洋艦を防空艦に改装して評価した。既存の兵装をすべて撤去して10・2センチ高角砲を単装10門、あるいは連装4基8門に変更、さらに各種の対空機銃や機関砲を搭載したのである。

防空艦となったC級の評価は上々であったため、イギリス海軍は世界初の新造防空巡として、1936年度計画からダイドー級を11隻建造する。さらに戦争勃発にともない5隻を追加建造して、合計16隻を就役させたのである。

C級の成功に刺激されたアメリカも、1936年にアトランタ級防空巡の建造に着手した。これは老朽化したオマハ級軽巡の代艦なので、水雷戦隊旗艦の役割は引き継いだが、日本のように砲雷撃力の強化ではなく防空能力を重視した点に、来たるべき海戦に対するアメリカの理解が見てとれる。1940年度計画で8隻の建造が決まり、参戦後に3隻が追加された。

もっとも、戦争の中盤以降、米軍では対空兵装やレーダーの高性能化が著しく、防空艦が保護すべき戦艦や空母自身が、強力な防空戦闘力を発揮するようになっていた。結果、アトランタ級なればこそ、といった活躍の機会はなかったが、コンセプトは正しい船であった。

日本海軍もC級防空巡改造の実績を見て、昭和13(1938)年には天龍型軽巡を防空巡とする改装計画を立てていた。しかしダイドー級の建造が始まると、老朽艦の改造は説得力を失い見送られた。

替わりに、というわけではないが、昭和14(1939)年度の海軍軍備拡張計画では、著しく防空戦闘力を高めた「乙型駆逐艦」6隻の建造が認められ、これが戦争中に秋月型駆逐艦として就役することになる。

また戦争が始まると、損傷した軽巡を修理時に防空艦に改修する計画が立てられた。最初に対象となったのが長良型2番艦の「五十鈴」で、全主砲を撤去して、八九式12・7センチ連装高角砲3基のほか、各種対空機銃を満載し、二一号電探も追加するなど、防空艦として生まれ変わった。しかし戦時改修による防空艦はこの一例のみである。

太平洋戦争における軽巡の実態

ニセ軽巡の建造に邁進した日本海軍であるが、球磨型が就役から20年を経過すると、昭和14年度の海軍軍備充実計第四次計画で後継軽巡となる阿賀野型の建造を決めた。名目は水雷戦隊旗艦で、軍令部の要求は基準排水量6000トン、15センチ連装砲を3基、61センチ四連装魚雷発射管2基、カタパルト装備と水上機2機、速力35ノットである。阿賀野型軽巡は4隻発注されたが、真珠湾攻撃までに進水したのはネームシップの「阿賀野」のみであった。

太平洋戦争で、日本の軽巡はさまざまな任務に投入されている。各艦がたどった経過を時系列で追ってみたい。

水雷戦隊の旗艦となった5隻の軽巡は、開戦劈頭から各地に送り出された。北はアリューシャン、東にミッドウェー、南はソロモン諸島と、常に日本の占領地の最前線で戦ったのである。最初の軽巡喪失は、開戦から10ヵ月後の昭和17（1942）年10月25日のこと。第四水雷戦隊を率いていた長良型4番艦の「由良」で、南太平洋海戦に先立つ空襲によって航行不能となり、友軍によって処分されたものであった。また12月18日には「天龍」がニューギニア方面で潜水艦の雷撃を受けて沈んでいる。

昭和18（1943）年には、ガダルカナル島の放棄にともない、主戦場は中部ソロモン諸島に移る。駆逐艦隊はネズミ輸送などで大損害を受けていたが、軽巡には意外と被害が少なく、この年に失われたのは7月13日、コロンバンガラ島沖夜戦の砲戦による「神通」と、11月1日にブーゲンビル島沖夜戦での「川内」のみであった。

ところが昭和19（1944）年以降に状況は一変する。米軍はマーシャル、ギルバート諸島への空襲を皮切りに、トラック空襲、マリアナ沖海戦、そしてフィリピンと、連続攻勢によって日本を一気に追い詰める。この戦況の中で18隻もの軽巡が失われたのである。

問題は、このうち半数の9隻が敵潜水艦の雷撃で沈められたことであった。日本は絶対国防圏を設定して、長期不敗の構えを敷いていたが、マリアナ諸島を失陥すると、本土と南方を結んでいた海上交通路の大半が失われた。船団護衛や輸送任務に携わっていた軽巡の航路や寄港地が限定される一方で、そのわずかな海域で大量の米潜水艦が跋扈《ばっこ》したため、雷撃による損害が激増したのである。

純粋な軍事作戦で撃沈されたのは、レイテ作戦のさなか、10月26日にサマール沖海戦後の帰路、サン・ベルナルディノ海峡を通過後、艦上機80機に襲われて沈んだ「能代」と、昭和20（1945）年4月7日、戦艦「大和」の沖縄水上特攻に帯同して、魚雷7本、爆弾10発以上受けて沈んだ「矢矧」のみであった。

戦争が終わったとき、練習巡洋艦を含25隻あった日本軽巡は、航行不能の「北上」と「酒匂」「鹿島」の3隻を残すだけとなっていた。そして阿賀野型の四番艦、文字通り日本最後の軽巡となった「酒匂」は、昭和21（1946）年夏の対艦隊原爆実験「クロスロード作戦」の標的艦となり、戦艦「長門」とともにビキニ環礁に沈んだのであった。

日本型軽巡洋艦が内包していた限界

日本軽巡の戦歴は以上であるが、損害ばかりが目立ち、活躍した姿が見えないのが残念である。その理由の一つは、戦術的用途に特化しすぎていたことであろう。想定していた夜間砲雷戦決戦がなかったので、

昭和20年4月7日、戦艦「大和」の沖縄水上特攻艦隊唯一の巡洋艦として奮戦する「矢矧」。阿賀野型は全艦開戦後に就役、4番艦「酒匂」以外戦没した

水雷戦隊の旗艦としての存在感が薄く、また艦隊決戦の露払いとして働く機会もなかった。例えば蘭印攻略戦の最中に勃発したスラバヤ沖海戦には、第二、第四水雷戦隊を率いた「神通」と「那珂」も参加していたが、貢献は小さかった。理想的な働きを見せたのは、昭和17年8月の第一次ソロモン海戦くらいであろう。

海軍としては、陳腐化していた5500トン型に新しい命を吹き込むため、開戦直前に球磨型の「大井」「北上」の2隻を大改装して、61センチ四連装魚雷発射管を、片舷だけでも5基20射線、両舷なら40射線もの魚雷を投射可能な重雷装艦としていた。

しかし、そもそもの決戦型の夜戦が稀であった以上、重雷装艦が活用される機会はついぞなく、輸送任務に従事するばかりで、昭和19年に「大井」を喪失。生き残った「北上」は人間魚雷「回天」の母艦に改装されているが、これは兵器としての評価の埒外《らちがい》の運用であろう。

　もう一つ、日本軽巡としては第四次海軍軍備充実計画で建造された「大淀」について触れておきたい。昭和18年春に就役した「大淀」は、長駆、アメリカ本土沿岸まで進出する潜水艦を支援するために建造された、特殊な巡洋艦であった。もっとも完成時期には当初の運用は望めなくなっていたので、大型の航空機格納庫を司令部機能に転用して、連合艦隊の旗艦として生まれ変わった。これは有用な使い方であったが、結局は戦術用途優先で建造された船の流用なので、先見の明とは評価しにくい。

　そもそも論となるが、5500トン型の後継艦を日本は阿賀野型4隻しか建造できなかったのに対して、アメリカはオマハ級の後継としてアトランタ級11隻のほか、ブルックリン級9隻、クリーブランド級25隻を完成させている。仮に航空機の発達がもっと緩やかで、太平洋戦争が航空主兵の戦争ではなかったとしても、日本の軽巡部隊は数と性能で完全に頭を抑えられていたに違いない。

エンガノ岬沖開戦で、空母「瑞鶴」艦上から撮影された「大淀」。軽巡ながら、航空機格納庫を転用して連合艦隊旗艦となったことで有名である

　ただ、実際にはアトランタ級防空巡について先に説明したように、軽巡洋艦という艦種自体が、第二次世界大戦では影の薄い艦種となっていたのであった。もともとロンドン海軍軍縮条約で人工的に設定された艦種であり、戦術や運用の要請で生まれた船ではないのだから、活躍できないのが当然なのかも知れない。

　だが、目に見えた戦果にこそ反映されなくても、大戦時の日本軽巡は、建造意図とは違う多様な任務に奮闘して作戦遂行を支えた存在であったのも、また事実である。

第四章

海軍軍縮条約で劣勢な主力艦保有枠を強いられた日本海軍は、
巡洋艦の強化に舵を切る。
その結果、妙高型をモデルとし、
屈指の攻撃力を誇る重巡洋艦隊を生み出した。
しかし、実戦ではこの艦隊に思わぬ弱点がひそんでいたのであった。

有事に弱点が出た「重巡洋艦」

日本海軍の巡洋艦整備計画

19世紀末から英独の間で激化した戦艦中心の建艦競争は、列強の艦隊整備計画を揺さぶりながら、第一次世界大戦の着火剤となった。ところが、彼らの大艦隊には世界大戦を解決する力はなかった。

しかし巨大プロジェクトである艦隊整備は簡単には方針転換はできない。戦争が終わってもアメリカ海軍のダニエルズ・プランや、日本の八八艦隊案は継続して推進されていたし、イギリスもこれに応じるほかなかったからだ。

もっとも艦隊整備費と維持費が、平時には許されないほどの金額になることがはっきりすると、各国とも財政難から建艦競争の抑制を求めるようになる。この流れから大正11（1922）年にワシントン軍縮条約が締結されたのであった。

妙高型2番艦「那智」。本級は青葉型の発展型ともいえるタイプとして「妙高」「那智」「足柄」「羽黒」の4隻が建造されたが、実は条約を密かに破って1,000トンも制限をオーバーしていた

この条約で、日本海軍の主力艦は対英米の六割の規模に抑えられた。最低でも七割を求めていた海軍は、主力艦同士の艦隊決戦での勝利が望み得ないという状況で艦隊整備に臨まねばならなかった。

その突破口が巡洋艦であった。軍縮条約では、巡洋艦について基準排水量の上限1万トン、主砲の最大口径は8インチ（約20・3センチ）までに制限されたが、保有量に上限は設けられなかった。ここに着目した日本海軍は、主力艦の劣勢を補完する戦力として、巡洋艦の大量取得に舵を切ったのである。

八八艦隊計画において、海軍は前衛艦隊における偵察や、水雷戦隊の旗艦など、さまざまな用途に使える軽

米海軍の艦型識別表に収録された妙高型。前甲板に主砲を背負い式に3基、後甲板に2基、船体中央後方を飛行甲板に充てるという構成がよく分かる

巡洋艦の整備を急ぎ、天龍型2隻と5500トン型を14隻建造していた。

これと併行して、8000トン級の8インチ砲搭載巡洋艦開発に着手していたが、軍縮条約で白紙になっていた。これに改めて命を吹き込み、最初に建造されたのが7500トン級の古鷹型2隻と、その強化型の青葉型2隻。これに次いで条約制限いっぱいの1万トン級となった妙高型巡洋艦4隻と、昭和2年度の艦艇補充計画に加えられた高雄型4隻が、比較的短期間のうちに建造されたのであった。

重武装を追求した開戦時の重巡洋艦

ところが昭和5（1930）年に締結されたロンドン海軍軍縮条約では、巡洋艦への制限が強化された。1万トンという基準排水量の上限はそのままに、主砲口径6インチ（約15・5センチ）までの「軽巡洋艦」と、8インチまでの「重巡洋艦」に分けて、それぞれに国ごとの保有制限を設けたのだ。

条約に従えば、日本の重巡の保有数は12隻（アメリカは18隻）となってしまう。結果、日本は既存の巡洋艦だけで、重巡保有枠を使い切ってしまったのである。しかも、そのうち4隻は条約型重巡としては劣勢な古鷹型と青葉型である。そこで海軍は軽巡洋艦の代艦建造枠に

昭和10年、品川沖で撮影された「古鷹」。結果的に初の条約型重巡となり、「古鷹」「加古」の2隻が建造された。後方に見えるのは「青葉」「衣笠」

目を付けた。船体構造その他は重巡に準じる設計として主砲だけは条約にしたがい6インチ砲で完成させ、有事には砲塔ごと8インチ砲に換装して重巡として運用できるようにしたのだ。これが昭和6（1931）年に策定された第一次補充計画での最上型軽巡4隻と、昭和9（1934）年の第二次補充計画での利根型軽巡2隻である。

しかし航空機の著しい性能向上にともない、艦隊航空戦力の拡充の一環として巡洋艦搭載機の見直しが行われた。その結果、利根型2隻については、主砲塔を1基減らして、長距離索敵用の三座水偵ないし対潜哨戒など攻撃的な任務にも投入できる二座水偵を、最大8機まで運用できるように改造が施された。

もっとも利根型については起工前に日本が軍縮条約から脱退したため、最初から8インチ砲を装備した重巡洋艦として建造された。また最上型の4隻も、昭和14（1939）年以降、順次、6インチの三連装砲塔を撤去して、8インチ砲を搭載した連装砲塔に換装する工事が実施され、条約型重巡洋艦となっていた。

この最上型の改修をもって、日本海軍は重巡洋艦を18隻保有する形となった。これは太平洋戦争開戦時にアメリカと比較して同数を保有できた唯一の艦種であり、日本海軍が、いかに重巡の取得を重視していたか分かる。

ただし軍縮条約前から計画されていたため条約の制限より小型の船体で凌がねばならなかった古鷹型と青葉型は、改修するにしても強化には限界があった。この4隻が連装砲塔3基砲門数6門に留まったのは、戦闘力を重視していた日本海軍にとっては不安材料であった。

また艦数では並びはしたが、アメリカの重巡は一番古いペンサコーラ級2隻にしても就役が1930年で、妙高型よりも新しい。以後、ノーザンプトン級6隻、ポートランド級2隻、ニューオリンズ級7隻、そして単艦建造の「ウィチタ」が矢継ぎ早に整備されたが、ペンサコーラ級は三連装と連装砲塔を各2基搭載して計10門。以降の艦は三連装砲塔3基という構成なので、総砲門数では164門と、日本側の160門を上回り、アメリカ優勢となっている。

ただしポートランド級から魚雷発射管を廃止し、後にはノーザンプトン級6隻も対空兵装の積み増しと引き換えに、発射管を撤去しているのに対して、日本では利根型まで全艦が強力な雷装を保持している。

アメリカ海軍は重巡に「ミニ戦艦」としての役割を期待し、日本は「戦艦を喰える」充分な雷撃力を持たせる中で、最大の砲撃力を維持しようとしたのであった。

軍縮条約に従い、古鷹型の発展型として火力を強化した青葉型。写真の「青葉」と「衣笠」の2隻が建造された

重巡運用のひな形となる妙高型

重巡を通じての対米戦の展開は、さまざまな角度から検討ができる。

無理のあった妙高型の設計を反省し、完成された重巡となった高雄型。「高雄」「愛宕」「摩耶」「鳥海」の4隻が建造された

ここでは日本の条約型重巡のひな形になる妙高型を軸として、その利点や課題などを考えたい。

妙高型建造に際して、軍令部では最大限に強力な兵装だけでなく、既存の巡洋艦を上回る速力と航続力を求めた。5500トン型軽巡ないし青葉型より大型なのだから当然であろう。具体的には20センチ砲を8門、12センチ単装高角砲を4門、雷装については61センチ発射管を片舷6射線（両舷12射線）、速力35・5ノット、航続距離1万海里／14ノットを求めた。

軍令部の要求に対して、設計責任者の平賀譲造船大佐は、砲攻撃力優位を得るには主砲を10門とする一方、魚雷発射管は片舷4射線（合計8射線）に抑え、かつ排水量制限を守るために航続距離を8000海里まで減らす旨を答申した。

平賀の意見に一度は折れた軍令部であるが、建造中に、平賀に無断で設計を変更して雷撃力を強化してしまう。また、この雷装強化によって基準排水量で約1000トンほど条約制限をオーバーしていた事実は秘匿された。それでも妙高型は重武装が過ぎて乗員の居住区が大幅に減らされただけでなく、艦内配置が窮屈で余裕がないなど、竣工直後から問題点が噴出していた。ただし、後に建造された高雄型重巡が、最初から完成度が高い重巡洋艦であったのは、妙高型での試行錯誤の賜であると言えるだろう。

また「妙高」が竣工した翌年に締結されたロンドン海軍軍縮条約で、重巡の追加建造が不可能になった日本海軍は、既存艦の一層の戦力強化に舵を切った。対象となった妙高型には、二度の近代化改装工事が実施されたが、高雄型に準じる各種の性能強化をできたのは、排水量超過の恩恵でもあった。

対米戦を想定した日本海軍では、敵主力艦隊に先制打撃を加える夜襲を重視していた。これを担当するのが重巡戦隊と水雷戦隊で編成される夜戦群である。妙高型には水雷戦隊が敵警戒線を突破する際の火力援護と雷撃戦でのダメ押しが期待された。条約違反を承知で雷撃能力を強化したのは、夜襲の第一撃で敵主力艦に最大火力を投射することを重視していたためである。

第二次改装を終えて、対米戦が不可避になった時期には、妙高型は4隻で第五戦隊を編成し、第二水雷戦隊とのコンビで夜戦群を構成することとなっていた。ともに高い練度で知られた猛者揃いであり、妙高型への期待の大きさが伺える。また高雄型4隻で編成された第四戦隊は、主力艦同士の決戦に備えて、連合艦隊直率の重巡戦隊となっていた。

苦い勝利となったスラバヤ沖海戦

太平洋戦争に突入すると「妙高」「那智」「羽黒」で編成された第五戦隊は、フィリピン攻略戦に投入された。このとき「足柄」は第三艦隊旗艦として別行動をとっていた。

「妙高」はダバオに停泊中、敵B‐17爆撃機の奇襲を受けて中破し、修理のため本国に戻されたが、フィリピン攻略戦は順調に終えた。次いで昭和17（1942）年2月からの蘭印攻略戦では、第五戦隊の重巡「那智」「羽黒」、および二水戦と四水戦を中核とした軽巡2隻、駆逐艦15隻がジャワ島攻略戦に連動して、オランダ、アメリカ、イギリス、オーストラリアの艦艇で構成されたＡＢＤＡ連合軍艦隊（重巡2隻、軽巡3隻、駆逐艦10隻）と接触し、2月27日夕刻からスラバヤ沖海戦が勃発した、戦力で日本側がやや優勢、さらに練度や艦隊の統制でも、寄せ集めのＡＢＤＡ艦隊側が著しく劣っていた。

しかし、戦闘は意外なほどの苦戦となった。2隻の日本重巡は最大射程に近い距離2万５０００メートルで砲撃戦を開始すると、以降は遠距離戦に終始した。ところが敵重巡「エクセター」に命中弾を得たのは約50分後の18時38分であった。この間に「羽黒」と四水戦の駆逐艦は雷撃を敢行したが、魚雷の調定が不適切で、いずれも敵艦隊に届くまでに爆発してしまった。また「那智」も雷撃を試みたが、魚雷発射管の操作を誤って射出に失敗した。

同日の二度目の夜戦でようやく雷撃に成功して、敵旗艦「デ・ロイテル」ほか軽巡1隻を撃沈。司令官のカルル・ドールマン提督が戦死し、ＡＢＤＡ艦隊は潰走した。3月1日には「妙高」と「足柄」が敵の逃走路を塞ぐ位置に到着し、妙高型4隻による挟撃戦が発生、「エクセター」ほか駆逐艦2隻が撃沈されて、スラバヤ沖海戦は日本が勝利した。これで蘭印攻略の障害はなくなり、日本の第一段攻勢はほぼ成功したのであった。

このスラバヤ沖海戦により、日本海軍水上打撃部隊の弱点が露見した。特に深刻なのが、主砲の命中率の低さである。妙高型重巡の主砲弾の定数は各艦２０００発（1門２００発）と、魚雷が24本であった。これが海戦終了時、「那智」の残弾数は主砲弾70発、「羽黒」は１９０発であったが、有効命中弾はわずか4発。しかも3発は不発弾であった。命中率に換算すると０・１パーセントという計算になる。

直視されなかった海軍の問題

この命中率の低さはいったいどうしたわけなのだろうか。重巡の主砲砲口初速は秒速８５０メートル前後なので、最大射程に近い2万５０００メートル先の目標までは、単純計算で約30秒かかる。その間に30ノットの船なら４５０メートル移動できる。主力艦の射撃は、この射撃から弾着までのタイムラグを見越して、目標の速度や進路から未来位置を推測して実施する。

対英米劣勢を強いられた日本海軍は、「月月火水木金金」と謳われるほどの猛訓練で練度を増し、戦力の差を埋めようとした。その結果、演習時の主力艦の命中率は、条件にもよるが3～5パーセントを維持していた。

ではなぜ、敵航空機の干渉もない、純粋な砲雷撃戦であったスラバヤ沖海戦で、このように命中率が著しく低下してしまったのか。

まず、この海戦には主砲の命中率を悪化させる要素が多かった。日本、ＡＢＤＡ艦隊とも遠距離砲撃戦に終始していたのに加えて、避弾運動が頻繁であった。敵艦隊が大角度で変針して避弾運動をするのは当然としても、友軍も同じような変針を繰り返すので、その都度、複雑な射撃方位計算をやり直さなければならない。

さらに「那智」では司令部が混乱して、頻繁に目標が変更されたり、敵艦名を間違えて指示するなどして、たびたび計算のやり直しが必要になった。結果、次第に都度都度の射撃が何を狙って実施されているのか分からないまま、主砲弾を機械的に撃ち続けている状態に陥った。

海戦を通じて日本側の戦死者は2名であったが、これは灼熱地獄となった「羽黒」の弾庫内での熱射病による。猛訓練で鍛えられた水兵たちが、実戦の狂乱の中を鬼の形相で砲弾を運び続け、砲の側では当たるを幸いと撃ちまくっていただけの様子が伺える。

スラバヤ沖海戦の詳細が判明すると、今回の海戦は輸送船の護衛が主であり、艦隊保全の任は果たしたこと。また日本海海戦以来、37年ぶりとなる水上戦で緊張度が高く、拙劣な指揮はやむを得ないと一定の理解を示して、第五戦隊司令の高木武雄少将と二水戦司令の田中頼三少将については、敢闘精神の低さが譴責《けんせき》されるに留

昭和18年3月27日、船団護衛中の「那智」を旗艦とする護衛部隊はアッツ島沖で敵艦を発見する。すぐさま「右砲戦、右魚雷戦反航」を下令、第五戦速で敵の退路を断たんと変針、発砲を開始する「那智」と後続の「高雄」。しかし、その結果は期待外れに終わった

まっている。

しかしこれは奇妙な理屈である。海戦の経緯を見るに、もし日本海海戦以来の水上砲戦の相手がアメリカ主力艦隊であったら、スラバヤ沖とは違った訓練通りの結果を出せた保証はまったくない。詰まるところ、練度に優れた前衛艦隊が敵主力に夜襲を仕掛け、充分な打撃を与えた後に主力艦隊が雌雄を決する――。その決戦構想は、絵に描いた餅に過ぎなかったのではないだろうか。よしんば夜戦群が奮戦したとしても、主力艦隊がこの第五戦隊のような「初陣の緊張」に陥らない保証はない。

　このような戦いになる一要因が、第五戦隊の砲術参謀の反省として、『戦史叢書』に次のように示唆されている。日本海軍の演習は、全艦突撃による襲撃行動を一通り実施して締めくくられるが、突撃後の混乱状況を想定した訓練はなかった。これがスラバヤ沖で悪い方向に作用したというのだ。

　初太刀に全てを賭けるのは短期決戦の要諦であるが、何があろうと一撃で敵にとどめを刺せなければ意味をなさない。スラバヤ沖海戦での第五戦隊の失態は、詰まるところ漸減邀撃構想を謳いながら、その本質に合致していない訓練に邁進していたと言うことではないか。剣術に例えるなら、実戦に堪えない据え物斬りを、日本海軍が繰り返していた結果なのであった。

　これを戦訓とする場合、事は海軍のあり方全般に関わる根深い課題であり、戦時下に容易に解決できるものではない。それに、敵の指揮も日本以上に拙劣であり、海戦は勝利で終えている。であるならば、問題を大きくせず、責任の所在を現場の敢闘精神の有無に矮小化して済ます。そうした組織防衛の論理が働いたのではないだろうか。

昭和19年11月5日、マニラ湾で空襲下の「那智」。重巡は戦争の進展とともに働きの場を失っていった。この日、「那智」は撃沈されている

平時の徒花だった重巡洋艦という艦種

本来、各国のさまざまな要求やドクトリンに応じて建造されていた巡洋艦は、軍縮条約によってほぼ画一化された。政治が生み出した人工的な艦種なのであった。

昭和12（1937）年5月にイギリス国王ジョージⅥ世の戴冠式記念観艦式に派遣された妙高型3番艦「足柄」は、英国ジャーナリストに「飢えた狼」と評されたという。比較すればイギリスの巡洋艦は「ホテル・シップ」だという文脈で、過激な兵装を山積みした妙高型への皮肉とされるが、この評価にほとんど意味はない。

世界中の植民地を繋ぐ海上交通路を守る船を必要としたイギリスは、兵装を抑えてでも乗員の居住性や航続距離を重視した。一方、日本は短期決戦における斬り込み隊長と見なして武装を重視し、居住性や航続距離を犠牲にしたという違いでしかない。各々の海軍の要求に見合う船を、軍縮条約の縛りの中で模索した結果生じた差違であり、優劣を競うような問題ではないのだ。

しかし妙高型に難点を探るなら、漸減邀撃構想の中で敵主力艦隊に初太刀を浴びせるという戦術的な達成目標にスペックや訓練内容、存在意識を求め過ぎたことだろう。結果、スラバヤ沖海戦で誤りに気付いたときに、妙高型のみならず、日本の重巡18隻の行く末は危ういものとなった。

昭和20年、終戦をシンガポールで迎えた「妙高」。レイテ沖海戦で損傷、その後艦尾を切断して行動不能状態だった。翌年7月に自沈処分とされている（Photo/Imperial War Museums）

事実、第一段作戦完了の後、妙高型は精彩を欠く。機動部隊の戦いに活躍の余地がないのは仕方ないが、間もなくミッドウェー海戦で敗れると、短期決着の見込みが消えて、戦争の長期化は必至となる。短期決戦型の連合艦隊の強みが失われたのである。このような戦局では、日本の重巡部隊が活躍できる余地はなかったのだ。

以後の艦隊戦も、この事実を反映している。昭和18（1943）年3月27日、アリューシャン列島のアッツ島に向かう船団を護衛していた妙高型2番艦「那智」と高雄型の「摩耶」が、これを阻止しようと出撃した敵重巡「ソルトレイクシティー」を旗艦とする水上打撃部隊と交戦した。このアッツ島沖海戦の状況はスラバヤ島沖海戦と酷似していたが、展開も同様で、敵重巡に命中弾を出すまでに1時間もかかった挙げ句、勝ちきれずに取り逃がし、輸送作戦も失敗した。スラバヤ沖海戦の雪辱は果たせなかったのである。

だが、条約型重巡が期待外れであったのはアメリカも変わらない、第一次ソロモン海戦で豪重巡「キャンベラ」を含む重巡4隻を一気に失うなど、一連の戦いで、米海軍は多数の巡洋艦を失い、日本以上にその価値に危機感を抱いていたからだ。しかし、それも戦争前半までのこと。昭和18年春以降、条約制限を受けていない排水量1万4000トン級のボルチモア級重巡が合計14隻も就役したことで、問題は生じなかった。

戦時中、日本は重巡の後継艦を1隻も建造できなかったし、建造したところで戦局打開の希望につながる艦種でもなかった。結局のところ条約で規定された重巡洋艦は、平時にしか通用しない軍艦なのであった。

column

海軍軍縮条約

ヨーロッパを中心に未曾有の荒廃をもたらした第一次世界大戦であるが、戦後になっても戦勝国の間では海軍の増強、特に日本の八八艦隊計画とアメリカのダニエルズ・プランに象徴される戦艦の増勢が著しかった。

当時、海軍覇権国であったイギリスとしては、これを座視できなかったが、戦勝国とはいえ、莫大な戦費の後始末に苦しんでいるイギリスには、これに応じる余力はなかった。一方、軍拡当事国の日本についても、八八艦隊計画は推進するだけでも国家予算の三割が必要であり、完成後も莫大な維持費が求められる非現実的な計画であって、その行方に苦慮していたのであった。

そこでウォレン・ハーディング米大統領が提案する形で、戦勝国間で戦艦の削減を主題とした軍縮が推進された。これが1922年2月に批准されたワシントン海軍軍縮条約である。

本書でも各艦種の解説で必ずと言って良いほど出てくる言葉であるが、それだけインパクトが大きな国際条約であった。戦艦を基準にして各艦種について各国の保有比率を決めるという内容の条約で、建造中の戦艦は基本的に廃棄。その上でイギリスとアメリカが「5」に対して日本は「3」、フランスとイタリアは最終的に「1.67」に固定するという過激な条約であったからだ。現状を優先して保有戦力を固定し、戦争を起こす余地を減らすという考えに基づいているのである。

日本は防御側に絶対必要な比率として対英米7割を、つまり「3.5」の保有割合を求めていた。しかし日本の事情は暗号電文の傍受によって英米には筒抜けであり、彼らは日本が対英米6割で妥協することを知っていたと言われている。

本来であれば際限のない海軍装備の増強で各国共倒れになるのを防ぐための条約であったが、日本は対米6割という不利な条件を飲まされたという被害者意識が先に立ってしまった。その結果、個艦優秀性の追求と「月月火水木金金」で知られる猛訓練による練度向上で戦力ギャップの穴埋めを図り、世界でも特異な攻撃力偏重の海軍に変質する主要因にもなっている。

1930年のロンドン海軍軍縮条約によって条約内容は5年間延長され、補助艦艇の保有比率で日本の要求が一部認められる形となったが、海軍内部では艦隊派と条約派の対立激化を招く結果となり、5年後に日本は軍縮条約から脱退する。

海軍軍縮条約は、第二次世界大戦を防ぐ枠組みにはならなかった。それでも約15年間、軍拡を抑え込んだ「海軍休日」を実現した、エポックメイキングな国際的取り組みであった。

第五章

期待されすぎた「航空巡洋艦」

航空母艦の重要性が増すと、
巡洋艦隊には独自の偵察機運用能力が求められた。
こうして誕生した利根型巡洋艦は傑作巡洋艦と評価されている。
しかしそれは重武装化に邁進した
巡洋艦建造計画の破綻を意味するものでもあった。

昭和17年に撮影された「利根」。後部飛行甲板には搭載機の九五式水偵、零式水偵の姿も見える

利根型航空巡洋艦の誕生

海軍軍縮条約時代の日本海軍は、主力艦の数的劣勢を巡洋艦の増勢で補おうとした。巡洋艦を強力な雷撃力を有するミニ戦艦と見立てて、妙高型や高雄型など攻撃力重視の巡洋艦の整備に力を入れたのである。しかし、そのためにロンドン海軍軍縮条約で定められた重巡洋艦の建造枠を使い切った日本海軍は、軽巡洋艦の改造に活路を見いだした。

主砲を軽巡の条件である6・1インチ（15・5センチ）口径とする以外は、重巡に準じる巡洋艦を建造して、有事には主砲を8インチ（20・3センチ）対応の連装砲塔に換装するだけで重巡に衣替えできる船を計画したのである。これが最上型軽巡4隻である。

昭和9（1934）年には第二次補充計画に沿って、最上型に準じる8450トン型巡洋艦2隻──後の利根型軽巡洋艦（「利根」「筑摩」）の建造も決定した。

当初、利根型への軍令部の要求は、15・5センチ三連装砲塔5基、12・7センチ連装高角砲4基、61センチ三連装魚雷発射管4基（片舷2基6射線）、最高速力36ノット、高速距離18ノット／1万海里（約1万8500㎞）、水上偵察機4機（カタパルト2基）であった。最上型に比較して、速度は微減するが、航続距離を伸ばして、水偵も1機増やしているほかは同等である。

だが、要求仕様が出たのと並行して、利根型については索敵に特化した巡洋艦への

米海軍の艦型識別表に記載された「利根」。主砲4基を前甲板に集中装備し、艦尾を丸ごと航空機運用に充てた独特な構成を見てとることができる

変更が検討された。主砲を4基に減らして、すべてを艦首側に集中。艦の後部を航空機の運用スペースに充て、搭載機数を最大8機まで倍増させる内容だ。その外見から、航空巡洋艦とも称される所以である。

もっとも、計画中に軍縮条約の脱退が確実になったことで、利根型は最初から20・3センチ砲搭載の重巡として建造された。そして昭和13（1938）年11月にネームシップの「利根」が竣工。その半年後の昭和14（1939）年5月には二番艦「筑摩」が竣工した。

最大8機の航空機運用能力を持つ利根型であるが、その狙いは前衛艦隊の偵察能力の強化であった。

日本海軍は、決戦兵力として戦艦を集めた第一艦隊と、これを補助するため快速艦艇を集めた第二艦隊の二本立てで戦力を整備していた。

この中で巡洋艦部隊は主として前衛部隊を形成。敵情をはかり、艦隊決戦においては索敵で友軍を利すると同時に、敵偵察部隊を阻止して有利な状態を作る役割が期待された。当然、敵も同様の艦隊編成をとっているので、重巡の交戦相手は重巡と想定される。日本の条約型重巡が特に重武装を指向したのは、この前衛部隊同士の緒戦で勝利を確実にして、可能であれば余力を残し、主力艦隊の決戦にも参加するためであった。

主砲4基を旋回、左砲戦を指向する2番艦「筑摩」。同型艦2隻では、戦局に大きな影響を与えることはかなわなかった

劣勢だった日本の航空偵察力

では、このような構想の中で利根型巡洋艦にはどのような役割が期待されたのであろうか。

戦争全般で言えることだが、海戦では特に先手を取るのが重要である。敵の居場所を先に発見し、その戦力や進行方向を正しく把握すれば、戦いの主導権を得られるからだ。

偵察衛星やレーダーがない時代、海戦における偵察は巡洋艦の役割であった。長距離、長期間の航海に適する仕様の巡洋艦は、単独ないし少数で作戦できる能力が求められた。この時、発見した敵が小艦隊であれば火力で圧倒できるし、戦艦を含む主力部隊であれば、速度で振り切って逃げられる。情報を持ち帰らねば意味がないので、無理して敵戦艦と交戦する必要はないのだ。自艦より速い敵よりは強く、強い敵よりは速い。それが巡洋艦であった。

１９２０年代になると艦隊の目として、航空母艦が加わってくる。第一次世界大戦で実用レベルとなった軍用機について、海軍はまず偵察機としての役割を期待した。結果、空母の運用も巡洋艦のそれに近くなる。艦上機はあくまで敵艦隊の発見と、敵偵察機を駆逐する艦隊上空の防空に使われる一方、艦の方は、場合によっては敵巡洋艦との交戦もあり得る。だから初期の空母には巡洋艦並みの砲撃力が持たされていた。

しかし1930年代になると艦上機の能力が向上し、爆撃や雷撃による対艦攻撃能力を獲得する。ところが空母艦上機を偵察に使用している間は、攻撃隊の発着艦に支障が出るので、偵察を空母から切り離そうという動きになる。そこで巡洋艦に航空擬装を追加して、航空機運用能力を持たせたのである。

これを受けて、日本海軍の重巡の場合、古鷹型と青葉型で偵察機1機、妙高型で偵察機2機が搭載された。高雄型では偵察機3機に発射台を2基と大幅に強化され、この仕様は最上型に引き継がれた。当初、航空擬装がなかった5500トン型軽巡でも、かなり無理はあったが、近代化改修によって偵察機1機の運用能力を与えられた。このように巡洋艦の航空機運用能力は段階的に進化したことが分かる。

だがアメリカはもっと徹底していた。重巡ではペンサコーラ級以降、水偵4機、カタパルト2基を基本艤装としているし、型が古いオマハ級軽巡でさえ偵察機2機を搭載するようになったのだ。

次のページの表「巡洋艦の艦載機数と艦数」は日米海軍が開戦前に保有していた巡洋艦の数とその搭載機の比較である。アメリカは28隻の保有数に対して水偵の搭載機数92機、1隻あたり平均3・28機となる。日本の場合は33隻に対して46機、1隻平均1・39機でしかない。日米の巡洋艦は航続距離や居住性などを犠牲にして、武装強化にリソースを振っていたわけだが、航空擬装は最低限で抑えられていたのである。

日本海軍の決戦思想における偵察の重要性は既述の通りであるが、その目となる巡洋艦の水偵の運用能力は決して高くなかった。これでは空母の偵察力を代替するには力不足であろう。これが建造中の仕様変更という望ましくないプロセスを甘受してでも、利根型を航空巡洋艦としなければならない背景であった。

複雑で多様な巡洋艦の航空偵察

対アメリカ戦を意識した日本海軍は、ハワイを出撃して日本を目指す米艦隊を遠方から反復攻撃して戦力を削り、消耗した敵艦隊を日本近海での決戦で撃破するという漸減邀撃構想で対抗しようとした。この場合、敵艦隊の主要侵攻ルートにあたる中部～西太平洋一帯を、日本は「内南洋」として委任統治領にしていたため、

巡洋艦の艦載機数と艦数

アメリカ

艦数	艦載	水偵機数	合計
重巡			
ペンサコーラ級	2	4	8
ノーサンプトン級	6	4	24
ポートランド級	2	4	8
ニューオーリンズ級	7	4	28
ウィチタ	1	4	4
ボルチモア級*	14	4	56
軽巡			
オマハ級	10	2	20
ブルックリン級	9	4	36
アトランタ級	11	?	?
クリーブランド級*	27	4	108

＊未成艦を除く

日本

艦数	艦載	水偵機数	合計
重巡			
古鷹型	2	1	2
青葉型	2	1	2
妙高型	4	2	8
高雄型	4	3	12
最上型	4	3	12
利根型	2	8（最大）	16
軽巡			
夕張	1	?	?
天龍型	2	?	?
5500トン型	14	1	14
阿賀野型	4	2	8
大淀	1	6（計画）	6

有事には基地航空隊の偵察で敵情を把握できる強みがあった。

だが基地航空隊が艦隊の偵察力の弱さを補完できるかといえば、そんな簡単な話ではない。漸減邀撃の遂行には、さまざまな条件を整える必要があるからだ。

日本海軍においては、戦艦主体の第一艦隊の出番は最後であり、それまで戦争の主役となるのは快速艦艇で編成された第二艦隊である。利根型はこの第二艦隊に配属される艦であった。

漸減邀撃構想において第二艦隊に強く期待されていたのは、決戦前の夜襲であった。戦力の中核は水雷戦隊であるが、重巡には水雷戦隊の露払いと、同じく第二艦隊に配備された金剛型戦艦で編成される戦隊への支援が期待された。

だが、戦争は相手があってのもの。日本が夜戦を得意とするなら、米軍は回避を試みるだろう。嫌がる敵を戦場に引きずり出すための策があるとしても、敵情を正確な把握が大前提となる。その重要な任にあたるのが、利根型重巡の偵察機部隊なのである。

最初に敵と接触する前衛艦隊の偵察機は、無傷の敵艦隊、航空部隊の作戦圏に進出しなければならず、敵の戦闘機に遭遇する可能性が高い。その環境下でゲタ履き（フロート付き）の水偵は生き延びねばならない。

利根型の艦載機については、三座水偵4機／二座水偵2機の合計6機（または三座水偵2機／二座水偵4機）を前提に、最大8機を運用できるように要求されたが、ここに偵察任務の本質が現れている。

まず偵察任務では、三座水偵が理想的である。単純に「目」の数が多く、洋上航法が容易で、燃料積載量も多く、長時間の偵察が可能であるからだ。ただし鈍重で空戦など望みようがないので、敵戦闘機に捕捉されたら生き残れない。

だが、巡洋艦の水偵の任務は、単なる敵情把握だけではなく、前衛艦隊同士の砲撃戦における弾着観測も重

視されていた。ここで活躍するのは二座水偵であった。主砲の射程が伸びるに従い、艦の側からの測距が困難になるため、水偵による弾着観測が不可欠と見なされていたのである。ただし重巡の砲撃では、戦艦ほどの巨大で明確な水柱が立たないので、観測にあたる偵察機は敵艦隊に近づかねばならず、その分、敵戦闘機との接触の危険が増す。この場合、二座水偵は偵察能力は劣るが、運動性が高くて一定の空戦能力があ

昭和19年10月24日、レイテ沖海戦において、戦艦「武蔵」を護衛して対空戦闘中の「利根」。航空偵察を主任務とするはずの利根型だったが、大戦後半にはその機会もほとんどなくなっていった

るため、生残性は高くなる。

これが二座と三座、二種類の偵察機が存在する所以である。決戦に先立つ作戦レベルでの偵察、夜戦での水雷戦隊の誘導、弾着観測など、第二艦隊の作戦において航空偵察への要求は幅広かったため、利根型登場以前の重巡は、二座水偵2機と三座水偵1機を搭載することになっていた。しかし対米比較での巡洋艦の航空艤装はじり貧になる一方であったため、一挙解決をはかったのが航空巡洋艦としての利根型2隻なのであった。

日本海軍の水偵開発

このような運用方針をもとに、日本海軍では戦艦や巡洋艦に搭載すべき水上偵察機の開発にも力を入れていた。

艦載水偵の主力となる二座水偵は、昭和5（1930）年の九〇式水偵から本格的に導入された。この水偵には一号から四号までの開発バリエーションがあるが、一五式水偵で実績があった中島飛行機が、アメリカから購入したヴォートO2Uコルセアのライセンス機である九〇式水偵二号が、事実上の標準型とされた。

実際に運用して二座水偵の有効性を認めた海軍は、昭和8（1933）年に後継機となる八試水偵の試作命令を発したが、三菱と愛知の両メーカーの試作を押しのけて制式化されたのは、九〇式二号水偵の性能向上型と言うべき、中島製の九五式水偵であった。観測機としての能力もさることながら、戦闘機とさえ渡り合える抜群の運動性や、小型爆弾による急降下爆撃をこなせる万能機であった九五式水偵は、昭和15（1940）年までに700機以上も生産されて、戦艦および巡洋艦の主力二座水偵となったのであった。

三座水偵については、昭和7（1932）年に七試水偵の試作が愛知と川西航空機に命じられ、川西機が九四式水偵として採用された。日中戦争では三座の目を活かした偵察はもちろん、小型爆弾ながら対地支援までこなす器用さで評価が高まり、500機以上生産されている。

昭和12（1937）年には水偵の更新が図られ、二座、三座それぞれに十二試水偵の名で試作命令が出された。三座水偵については愛知と川西の競争となり、今度は愛知機が零式水偵として採用された。低翼単葉に姿を変え、航続距離が増大、無線装置なども一新されて、250kg爆弾の水平爆撃も可能という成功作となった。

ところが二座水偵はイレギュラーな開発となった。どういうことかというと、先に開発していた十試水上観測機が、敵艦戦と遭遇してもある程度は空戦が可能な新型弾着観測機という要求に適った成功作となり、まずこれが零式観測機として採用されたのである。

理想的な観測機が手に入った以上、十二試二座水偵については、観測能力を省略して、急降下爆撃としての能力を追求することとなった。九五式水偵も小型爆弾を使えたが、これを強化するのである。零観が保険になっているので、冒険に出たわけだ。しかし結局、試作開発に挑んだ愛知、中島、川西はいずれも十二試二座水

レイテ沖海戦の最中、サマール島沖海戦で奮戦する「筑摩」。艦尾に被雷しており、速力は低下、艦隊から落伍して撃沈された

偵の要求を満たせなかった。

　そして零式観測機については、水上戦闘機としても優れていたために、当時拡充を急いでいた水上機母艦や基地航空隊への配備が優先されてしまったので、巡洋艦への配備は遅れ、二座水偵には九五式水偵が使われ続けたのである。

　また、水雷戦隊の夜戦支援に特化した夜間偵察水偵も開発されて、昭和11（1936）年に九六式水偵として制式化された。愛知航空機のこの偵察機は、夜間着水に適していて、視界も広くとれる飛行艇型という艦載機には珍しい形状となっていた。

　九六式水偵は低速鈍重であったが、夜間に敵艦隊に接触を続けるという任務には適するように思われた。しかし照明弾を使ってでも敵艦隊を捕捉し続けねばならない任務の危険性を考えると、その性能は実用レベルには達していなかった。特にサーチライトで捕捉されると振り切れないので、機体を真っ黒に塗って被発見性を下げる努力までしなければならなかった。

後継の改良型として九八式水偵も制式化されたが、開発したのが間違いといった機体であり、導入期数は少数に留まった。結局、夜間偵察任務は既存機で補われることになった。

このように、利根型の建造と歩調を合わせるように、大胆なレベルアップを試みた水偵開発であったが、蓋を開けてみれば二座水偵は旧式の九五式水偵が使われ続けることとなる。三座水偵もオーソドックスな零式水偵に留まり、戦力の刷新にはならなかったのである。

一方、米海軍での水偵開発は、1933年から二座水偵のSOCシーガルを、1938年からは三座水偵のOS2Uキングフィッシャーを導入。大戦末期には破格の高性能水偵SCシーホークを完成させていたのであった。

利根型甲空巡洋艦の総括

以上、艦載水偵能力とその母艦となる巡洋艦の充実度の日米比較では、日本は質と量の両面で劣勢であり、利根型2隻の導入で覆せるようなものでもなかった。努めて前向きに利根型の意義を強調するならば、利根型2隻が投入される戦役においては、敵重巡4隻以上の作偵察能力に拮抗できる点であろう。収容の際に母艦が停船を強いられるのが水偵の弱点なので、偵察の負担を利根型だけに集中できるのは、艦隊運用の点では効率が良い。

ただし、これも数で穴埋めできる問題である。日本が利根型以降、重巡を1隻も増勢できず、阿賀野型軽巡4隻と大淀を戦力化しただけなのに対して、米海軍はボルチモア級重巡14隻と、クリーブランド級軽巡19隻を追加している。いずれも水偵4機を搭載可能な船である。

ここで艦隊編制の問題に立ち返ろう。対米戦における日本海軍の勝ち筋は、主力艦隊同士の短期決戦しかなかった。軍縮条約による制約が発生してもその前提は変わらず、短期決戦を発生させるために、日本海軍は漸減邀撃構想に賭けていた。この場合、戦艦主体の第一艦隊の決戦に先立ち、まず前衛快速部隊である第二艦隊が、敵の前衛艦隊を撃破し、かつ水雷戦隊主体の夜戦で敵主力艦隊を痛打しなければならなかった。つまり、第二艦隊が連続して戦略レベルの勝利を演出できなければ、漸減邀撃の前提が成立しないのだ。

このように艨艟を連ねた戦艦群による一大決戦をアメリカ太平洋艦隊にぶつけ、日本海海戦を再現するという日本海軍の夢は、いくつもの「タラレバ」の勝利の上に成り立つゴールであった。ところが、その最初の一歩である巡洋艦の水偵能力の点で、かなり分が悪い。敢えて現代海戦用語に当てはめるなら、キルチェーンの最初の前提が成立せず、攻撃構想全体が初手から破綻している可能性が高かったのではないか。

もっとも利根型巡洋艦自体は、その優れた偵察能力により、成功した艦艇であると評価すべきである。真珠湾奇襲攻撃時に始まる南雲機動部隊の一連の作戦において、この2隻が果たした役割と存在感は非常に大きい。それだけにミッドウェー海戦時の利根4号機の瑕疵が悔やまれる。だが、これは航空偵察がいかに重要かという証明である。戦前より水偵の整備にふらつきを見せていた日本海軍の必然の失敗という見方の方が自然ではないだろうか。

ミッドウェー海戦で敗北した日本海軍は、航空戦力の再建に狂奔する。十二試二座水偵の失敗後、愛知航空機では十四試水偵の名で水上爆撃機の開発を細々と続けていたが、これが一夜にして最優先開発対象となり、「瑞雲」として採用されたのもその一環だ。力不足が明らかな九五式水偵の後継としては妥当な判断であるが、まず急降下爆撃能力ありきという発想は、弱体化した空母機動部隊の戦力の穴を、巡洋艦の艦載機で埋め合わせしようという焦りの現れであった。

昭和20年7月の呉空襲で大破、着底、そのまま終戦を迎えた「利根」。漸減邀撃構想の破綻によって、利根型が想定していたよう」な大活躍は幻となった

ミッドウェーでは僚艦の「三隈」と衝突事故を起こした重巡「最上」について、修理を兼ねての航空巡洋艦化が進められたのも、この海軍の焦りを反映している。これは後部の四番、五番砲塔を撤去して甲板型に改装。最大で11機の水上機運用能力を持たせるという内容であった。ただ、これも改装の動機は「瑞雲」の戦力化ありきであり、失われた空母の戦力穴埋めのためで、利根型建造のような艦隊運用戦略の強化と、直接は関係ない。したがって昭和18（1943）年春に工事が完了したときには、航空巡洋艦「最上」の戦略的価値は大幅に失われていて、通常の水偵でさえ11機を全力で搭載する状況にはなかった。

ミッドウェーでもし勝利していれば、おそらく利根型の評価はさらに高いものとなっていたに違いない。しかし先見の明の文脈で語られる利根型重巡の開発が、漸減邀撃構想のほころびの結果であったという点を見落とすべきではないだろう。

第六章

開発で後手を踏んだ「防空艦」

第一次世界大戦後に著しく性能が向上した航空機。
新たに出現したこの脅威に対して、
各国海軍とも艦隊の防空に頭を悩ませる中で、
日本海軍がたどり着いた答えが秋月型駆逐艦であった。
防空艦と呼ばれた艦の戦いの実相とは。

イギリスの防空艦開発

第一次世界大戦で揺るぎない地位を占めた軍用航空機だが、海軍での役割はまだ限定的であった。しかし大戦後のいわゆる戦間期には、民需の後押しもあって一層の高性能化が進んだ。最初は飛行艇や水上機という形で始まった洋上航空は、やがて陸上機を運用可能な航空母艦の実用化とともに、加速的に進化する。

だが、海軍にとってこれは諸刃の剣であった。第一次大戦の大きな原因が各国の激しい建艦競争であった反省から、戦後の大正11（1922）年に海軍軍縮条約が締結された。しかし条約は航空機の進化への備えが十分ではなかった。その結果、1930年代には航空機は艦隊にとって侮れない脅威となっていたのである。

例えば日本海軍の場合、大正年間に運用が始まった一三式艦上攻撃機の最高速度は時速200㎞に満たなかった。爆弾搭載量も250㎏爆弾2発までであった。しかし、これが昭和7（1932）年に制式化された八九式艦上攻撃機になると、時速は230㎞、爆弾搭載量は800㎏まで増加した。航続距離も1700㎞を超えている。

航空爆弾の威力では主力艦を撃沈するのは難しい。しかし軍艦には真上から落下する爆弾への備えはないので、たった一発でも艦の重要機能が破壊されてしまう可能性がある。もしそれが射撃方位盤やレーダー、主要な電気回路などであれば、艦は沈まなくても戦闘力を失ってしまう。

航空機という新たな脅威の出現に、軍艦の設計者と用兵者は頭を悩ませた。単純に考えれば、対空兵器を強化、増量して対抗するのが正攻法だ。しかし対空兵装を増やせば、当然、それ以外の装備が減り、対艦戦闘力の低下につながってしまう。しかも軍縮条約で艦種ごとに排水量が制限されているので、新たな装備の追加はいっそう難しい。

加えて、航空機の進化は今後も続く。爆撃機だけでなく、航空魚雷を搭載した攻撃機（雷撃機）の性能強化も著しかったからだ。一三式艦上攻撃機の時点で一定の雷装は可能であったものの、鈍重、低速の機体で目標艦に肉薄するのは自殺行為であった。しかし数が増え、性能が上がってくればいずれ必ず脅威となる。

このような航空機の脅威の増大を背景に、１９３０年代になると各国海軍では、個艦の対空火力の増強と並行して、艦隊としての防空戦術の確立が求められたのである。

これを最初に具体化したのはイギリス海軍であった。彼らは第一次大戦中の老朽艦であったC級巡洋艦から雷装を含む既存兵装をすべて撤去すると、10センチ単装砲や8連装の40㎜ポンポン砲を集中搭載した「防空艦」に改装したのである。戦艦や空母などの主力艦に随伴して防空任務を引き受ける役割が期待された。さらに艦の数が増えれば、防空艦は艦隊前方や敵空襲部隊の予想進路上にあらかじめ進出して、各艦の防空担当域によって敵攻撃を阻止するような運用も検討されたのである。

日本海軍の防空艦構想

イギリスがC級巡洋艦の防空艦改装を軍縮条約加盟国に通達したのは昭和11（１９３６）年暮れのこと。日本海軍はその前年にはイギリスの動きを察知して、同じような艦の取得に動いていた。この頃の航空機は時速３００㎞にも達し、従来の防空兵装では力不足は明らかであるという認識を、日本海軍も持っていたのだ。

当面のアイデアは老朽化していた天龍型軽巡の改装であった。水上機運用能力がなく、基準排水量も３２００tあまりの小型巡洋艦であったため、防空艦としての検証に適切な船と判断されたのである。

改装案としては既存の魚雷発射管と14センチ単装砲、8センチ高角砲をすべて撤去し、八九式12・7センチ連装高角砲を4基、当時最新の九六式25ミリ連装（ないし三連装）機銃4基を搭載するという内容であった。

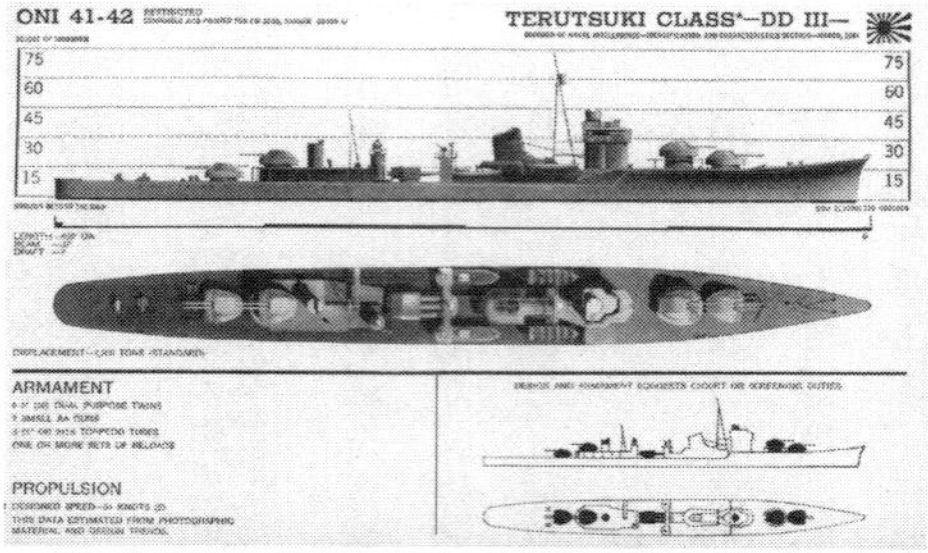

米海軍の艦型識別表に収録された秋月型。米海軍は秋月型をTERUTSUKI CLASSと認識していた

だが、昭和13年度開始の第三次海軍軍備充実計画では、天龍型の防空艦改装案は提出されずに廃案となった。理由は判然としないが、おそらくは数の不足が原因と考えられる。イギリス海軍では「コヴェントリー」と「カーリュー」の2隻をまず防空艦に改装、これに別の3隻が続く計画になっていた。もし2隻の成績が良好であれば、同型艦11隻を防空艦に改装できる。

しかし、天龍型は同型艦が2隻しかなく、数で戦力を担保できない。また当時主力の軽巡洋艦である5500トン型軽巡より速力が3ノットほど遅いので、最初から艦隊随伴は望めず、泊地防衛など拠点防空艦的な使い方しかできない。この時期の海軍は、友鶴転覆や第四艦隊事件の対応に忙殺されていたこともあり、戦力の価値が低い天龍型防空艦に割く余力もなかったのであろう。

日本版防空艦秋月型の始動

天龍型の再生案は見送られたが、防空艦が不要になった訳ではない。昭和13（1938）年には、旧式駆逐艦の後継として、空母に随伴して対空戦闘や対潜水艦戦闘に資する「直衛艦」を建造する構想が具体化した。

基本要求は艦隊型駆逐艦の主力、陽炎型駆逐艦に相当する排水量2200トン、新型の65口径10センチ高角砲を連装化して4基8門、爆雷は従来型駆逐艦から倍増させ、速力は35ノット、航続距離は18ノットで1万海里とする。

ただ、この要求を満たすと排水量が大きくなり過ぎて、駆逐艦の枠組みでは建造できず、予算も超過する。

そこで若干の性能低下を許容する代わりに、水雷戦隊との連動も考慮した雷装を追加する案に落ちついた。

こうして「直衛艦」のコンセプトを引き継ぎつつも、旧式駆逐艦の代替艦にふさわしく、基準排水量2700トン級の駆逐艦としてまとめられ、昭和14（1939）年に始まる第四次海軍軍備充実計画の中で6隻の建造が認められた。この軍備充実計画では、艦隊駆逐艦たる甲型駆逐艦、すなわち陽炎型および夕雲型とは目的が異なるため、「直衛艦」は乙型駆逐艦として類別された。また同じ計画の中では次期主力艦隊型駆逐艦に内定していた島風型駆逐艦が、丙型駆逐艦として1隻だけ建造されていた。

この乙型駆逐艦こそが、秋月型駆逐艦である。全長は134・2メートル、全幅11・6メートル、基準排水量は既述の通り2701トン、満載排水量は3900トンに迫り、軽巡「夕張」に匹敵する日本海軍最大の駆逐艦であった。満載排水量がかなり大きくなっているのは、航続距離を稼ぐのに燃料搭載量を増やした結果である。

10番艦「宵月」。戦後復員船として特別輸送艦となっていた頃の姿で、その任務を終えた後に戦時賠償艦として中華民国へ引き渡された

主缶はロ号艦本式ボイラーを前部缶室に2基、後部缶室に1基搭載。機関は艦本式ギヤードタービン2基2軸で、いずれも陽炎型と基本構成は同じである。ただし後述する主砲のほか、魚雷発射管と次発装填装置の搭載スペースを作るために誘導煙突を採用した。巡洋艦では「夕張」以来の日本海軍巡洋艦の特徴となっていた煙突形状だが、駆逐艦で採用したのは秋月型だけであった。

秋月型の主砲は九八式六五口径10センチ砲で、連装砲塔を艦の前後に背負い式で2基ずつ、4基8門を搭載した。この砲は友鶴事件の後に開発がはじまり、昭和13年に制式化されたばかりの新型高角砲で、長10センチ砲の呼び名で知られる。

9番艦「春月」。船体前後に2基ずつ配置された主砲の配置がよく分かる。兵装の搭載スペースを確保するために導入された誘導煙突は、駆逐艦では秋月型のみが採用した

上空から見た秋月型。船体中央に装備された四連装魚雷発射管は、次発装填装置付きで、4×2の8本の魚雷を搭載していた

従来の八九式四〇口径12・7センチ高角砲に比べて一弾が生じる危害半径は小さいが、最大射程1万4000メートル、最大射高1万1000メートルと、約1割ずつ性能が向上。俯角10度、仰角90度、旋回速度は10・6度／秒（八九式は6度）、仰俯速度は16度／秒（12度）と、目標への追随性でも優れていた。射撃速度は最大19発／分だが、揚弾筒の能力などもあって、この数字は理想値に過ぎない。それでもカタログ値が14発／分の八九式より格段に優れた高角砲であった。

また秋月型の雷装は九二式61センチ四連装発射管で、陽炎型と同じである。ただし1基しか積んでいないので、射線は半分でしかない。それでいて次発装填装置は装備しているところは、ややちぐはぐな印象を受ける。「直衛艦」を求めながら魚雷兵装を追加したのは、秋月型の汎用性を高め、多様な任務を可能とした点では適切な判断であった。ただし結果論ではあるが、秋月型の数が揃い始めた戦争中盤以降、水雷戦をともなう艦隊決戦の機会がなくなっていたので、多くの場面で無用の長物となったのが悔やまれる。年単位の時間経過をともなう戦備の難しさである。

秋月型駆逐艦の戦い

秋月型はまず6隻建造され、昭和16（1941）年度の戦時建造計画において10隻の追加が決定。さらに昭

和17（1942）年度の第五次軍備充実計画からは、速力強化型の改秋月型に切り替えて、最終的に39隻も建造する計画となった、しかし戦局の悪化もあり、建造数は13隻、就役できたのは12隻であった。ここではトピックとなる活躍だけ見ておきたい。

ネームシップの「秋月」は、昭和17年6月11日、ミッドウェー海戦の直後に竣工した。直衛艦の真価が試される空母決戦に間に合わなかったのは皮肉であり、以後の秋月型の苦闘を象徴しているかのようだ。

就役直後で練度の低い「秋月」は、しばらくは輸送船の護衛任務と訓練に従事。本格的な会敵は昭和17年9月27日、ブーゲンビル島の沖合にて、7機のB‐17爆撃機との遭遇戦であった。しかし秋月は爆弾を投下されるまでこれを友軍の陸攻機と勘違いしていた。それでもとっさの操艦で爆弾をかわすと、主砲弾108発を発射して1機を撃墜し、最初の戦果とした。

だが、秋月型の真価を問うなら、主力艦同士の決戦を挙げるべきだろう。となると昭和19（1944）年6月のマリアナ沖海戦と、同10月のレイテ沖海戦を判断材料とすべきだ。ちなみに秋月型はマリアナ沖海戦までに8隻が就役したが、うち「照月」と「新月」は戦没している。

マリアナ沖海戦で、空母「大鳳」「翔鶴」「瑞鶴」を中核とする主力の甲部隊には、秋月型駆逐艦「秋月」「初月」「若月」「霜月」の4隻が集中配備されていた。だが、結果は「大鳳」「翔鶴」が米潜水艦によって撃沈されている。対潜護衛の失敗は直衛艦としては大失態であるが、敵の空襲が本格化する撤退時に「瑞鶴」を護衛しながら4隻ともほぼ無傷で帰投できたことで、防空艦としての能力の一端を見せた。しかし、この海戦で秋月型が貢献したとは評価しにくい。

次の決戦である10月のレイテ沖海戦でも、マリアナ沖海戦と同じ4隻が機動部隊本隊に随伴した。この艦隊は栗田中将麾下の第一遊撃部隊主力をレイテ島に突入させるための囮艦隊であり、ハルゼー提督隷下の米高速

機動部隊による集中攻撃を受けている。この海戦で初めて秋月型は艦隊決戦時の防空艦として最前線に立ったと言えるだろう。

だが海戦は、「瑞鶴」を含む参加空母4隻が失われ、栄光の連合艦隊機動部隊はフィリピン沖に姿を消す一方的な敗北に終わった。秋月型4隻を見ても、「秋月」は13機を撃墜して意気を見せたが、敵空襲により沈没。ほかの各艦とも自己の任務においては奮闘するも、護衛対象は守れなかった。

ただし「初月」は少し事情が違う。10月25日の主要海戦後、「初月」は軽巡「五十鈴」および同型艦の「若月」と戦闘海域に残って、生存者救難にあたっていた。ところが彼らは、デュポーズ少将麾下の巡洋艦隊に捕捉されてしまう。16隻もの規模の敵艦隊出現に狼狽した日本艦隊は、煙幕を張って離脱を図る。しかし衆寡敵せず。このままでは全滅必至となると、「初月」は反転して敵艦隊に向かい、デュポーズ艦隊と交戦した後に、撃沈されたのだ。しかし「初月」が2時間にわたって敵艦隊を拘束したことで、「五十鈴」と「霜月」は生還できた。「初月」に戦果はなかったが、米艦隊に1200発もの徹甲弾を浪費させた上で、追撃戦を断念させて僚艦を救ったのである。雷装を残していたことが、こうした戦闘を決意させた一因であり、もし防空艦に特化しただけの兵装配置であったら、このような殿を務

レイテ沖海戦の一局面、エンガノ岬沖海戦で直衛する空母を守り奮戦する「秋月」。しかし空母はすべて撃沈され、「秋月」も魚雷の誘爆により大爆発を起こして沈没した

める決断はできなかったかも知れない。

レイテ沖海戦後、昭和19年12月28日に竣工した「春月」以降、5隻の秋月型駆逐艦が就役しているが、いずれもほとんど出撃の機会がないまま戦争終結を迎えている。

日本防空艦の大きな弱点

防空艦としての秋月型の客観的評価は難しい。ただし、日本の艦載対空兵装には一つの大きな問題があった。

秋月型駆逐艦の兵装で確認しよう。九八式10センチ高角砲の最大有効射程は約1万2000メートル程度と

エンガノ岬沖海戦で対空戦闘中の秋月型（右）と空母「瑞鶴」（中央）。同海戦時の航行序列からすると、秋月型は「初月」と思われる

見てよいだろう。無論、その内側も有効射程となるが、敵機との距離が近くなれば、砲の旋回、仰俯角が追随できなくなので、最小有効射程は５０００メートル前後となる。

問題はその後だ。秋月型のもう一つの対空兵装である九六式25ミリ対空機銃はカタログ値こそ最大有効射程３５００メートルとなっているが、実質的には１０００メートル前後とされている。すなわち艦から１０００～５０００メートルの距離に対して有効な対空火器がない。敵攻撃機にとっては一種の安全空域になっていたのである。例えば急降下爆撃の投弾高度は５００～１０００メートルなので、ダイブの初期の段階ではかなり安全に姿勢制御に集中できる。また航空雷撃でもアメリカ軍は２０００メートル前後で魚雷を投下するのが一般的であったため、退避も含めて、余裕を持って照準操作が可能であった。

米海軍の対空兵装は、中遠距離では最大射程1万６０００メートルの5インチ（12・7センチ）高角砲Mk.12を搭載。また近距離ではエリコン社からライセンスした20ミリ機銃を使用していた。こちらは有効射程は１２００メートル前後とされる。だが、日本と決定的に違うのは、スウェーデンのボフォース社からライセンスした40ミリ機関砲を搭載していたことだ。これは最大射程1万メートルを超えていたが、実質的な有効射程は４０００メートル前後であり、まさに高角砲と対空機銃の間隙を埋める存在であった。40ミリ機関砲の連装または四連装砲架は、射撃指揮装置と連動して操作可能であったため、砲操作員は射撃と装弾に集中できる。米艦艇への攻撃を試みる日本軍機は、敵艦に肉薄して爆弾なり魚雷を命中させる照準行程に入ったときに、もっとも濃密で危険な対空砲火に晒されたのであった。

さらにアメリカ軍には空中捜索レーダーとＶＴ信管（近接信管）もあった。マリアナ沖海戦で、小沢機動部隊はアウトレンジ作戦に成功して、攻撃隊は先手を取ることができた。しかしレーダーで攻撃方位と高度が察知されていたため、まず敵戦闘機群の的確な迎撃を受け、次に遠距離からＶＴ信管を装填した高角砲で叩かれてしまう。そしてこの二つの死の罠をかいくぐってもなお、40ミリと20ミリの濃密な対空機関砲に苦しめられた。日米で防空システムには艦の性能比較以上の差があったのである。

船体中央の魚雷が誘爆、沈没直前の1番艦「秋月」。直接の沈没原因は諸説あるが、写真で分かる通り、船体中央に致命的な損害を受けたことは確かである

短命に終わった防空艦

昭和20（１９４５）年4月6日午後、沖縄救援のために徳山沖を出撃した戦艦「大和」以下、軽巡「矢矧」と駆逐艦8隻の水上特攻部隊は、翌日午前、坊ノ岬沖海戦で壊滅した。３７７機が参加したアメリカ軍機による一方的な空襲であったが、この中にいた秋月型の「冬月」「涼月」は、ともに大破しながら帰投している。そして、この海戦をもって秋月型駆逐艦の戦いは終わった。一方的な戦いではあったが、最後の海戦が、働きを期待されていた防空戦闘となったのである。

全般、秋月型は適切に投入された戦場において、寡兵ながら健闘したと評価できる。しかしそれをもって防空艦のコンセプトが正しかったかというと、事情は少し変わってくる。

イギリスのＣ級軽巡改造案に刺激されたのはアメリカも同じであり、同海軍は１９３８年度からの計画で、アトランタ級軽巡を建造した。建造時期により

昭和19年11月、レイテ島への輸送作戦で撃沈された6番艦「若月」。竣工した12隻中、7隻が戦没している

兵装は異なるが、基本は5インチ高角砲Mk.12連装砲塔を6～8基搭載、四連装ボフォースを4基16門も搭載した、防空艦と呼ぶのにふさわしいハリネズミのような艦であった。

しかしアトランタ級の数が揃う昭和19年前半になると、他の大型主力艦の対空兵装も格段に充実していた。例えば空母「エセックス」は5インチ高角砲Mk.12を連装と単装のミックスで合計12門、四連装ボフォースを8基32門、20ミリ機銃を46門も搭載していた。数だけならアトランタ級を優に凌いでいる。他の戦艦や巡洋艦も同様であり、アトランタ級でなくとも十分な防空力を発揮できた。

結局、アトランタ級は戦後も含め11隻が就役したが、戦没した2隻を除けば、大半が戦後間もなく退役を強いられた。防空戦闘の肝は兵装システムの組み合わせであり、戦前に構想された防空艦は、戦争中に進化した防空システムとはマッチしていなかったのである。

空対艦戦闘の変化も、防空艦のあり方を変えた。大戦末期に日本軍が繰り出してきた航空機の体当たり戦術は、既存の個艦防空力の想定を超えていたために対処しきれず、アメリカ海軍を苦しめたのだ。「統率の外道」と実施命令者も認める異常な戦術ではあったが、当時、誘導兵器は実用化の入り口にあるため、同様の対艦ミサイルが登場するのはそう遠くない未来の話と考えられた。実際、冷戦時代になるとソ連軍の対艦ミサイルが米海軍の戦闘艦艇にとって最大の脅威となり、アメリカ海軍は心血を注いで艦隊防空戦術の要となるイージス・システムを完成させている。この矛と盾の競争は、太平洋戦争末期の神風特別攻撃の出現に始まったのである。

第七章

職人芸を発揮できなかった
水雷戦隊
「駆逐艦」

第二次大戦において、各国海軍とも駆逐艦については
数隻単位で戦隊を組んで運用した。
しかし日本海軍は駆逐艦を極端に集中した「水雷戦隊」を編成していた。
なぜ日本海軍だけがこのような駆逐艦隊を重視していたのだろうか？

駆逐艦誕生の歴史

駆逐艦3隻ないし4隻からなる駆逐隊を2隊以上束ねる編制の水雷戦隊が、日本海軍において正式に誕生したのは1914（大正3）年8月であった。第一次世界大戦の勃発にともない臨戦態勢をとる上での措置であったが、戦後も水雷戦隊は残り、以後、時代を追って増強されながら太平洋戦争を迎える。

水雷戦隊の主力は駆逐艦である。特に日本の艦隊型駆逐艦は列強のそれと比べて高性能、重武装で知られたが、そうなった理由を、少し長くなるが、駆逐艦の起源から確認しておきたい。

19世紀後半、水面下に漂い、敵艦の吃水線下にダメージを与える水雷の実用性が一気に増した。折からの産業革命の成果をどんどん採り入れて進化し、自走式魚形水雷——魚雷の姿となったのである。

魚雷の登場と技術的な進化は、欧州の海軍情勢に巨大なインパクトを与えることとなる。当時、欧州は帝国主義の時代の最中にあり、海外植民地の獲得をめぐって激しく争っていた。その中で海洋の覇者はイギリスであり、彼等は海軍力をもって「日の沈まぬ帝国」を建設していた。

だが、魚雷の実用化は、海戦の常識を変えてしまう。1878年、ロシアとトルコの戦争において、ロシア帝国海軍の水雷艇がオスマン帝国の砲艦「インティバフ」を襲い、魚雷攻撃——雷撃によって撃沈したのである。この時期の軍艦、特に大型主力艦は、装甲が鉄製となりはじめ、砲撃による撃沈が困難になっていた。だが魚雷を駆使すれば、貧弱な小型艇だけで「ジャイアント・キリング」できるという可能性に、海軍関係者は衝撃を受けたのである。

この事実は、イギリスの後塵を拝する欧州列強に福音となった。魚雷を積んだ快速の小型艇、つまり水雷艇や魚雷艇を多数建造し、これをイギリス周辺海域に展開することで、その海軍力を相殺できると期待したのである。特にフランス海軍は熱心で、水雷艇を多数建造してイギリスに圧力をかけた。

むろん、水雷艇だけで英国海軍に勝つことはできないが、高価で希少な装甲艦が水雷艇によって撃沈されうるリスクは、イギリスにとっても看過できない。そこで、この新しい脅威に対抗すべく英国海軍が開発したのがTorpedo Boat Destroyer（ＴＢＤ）、すなわち「水雷艇駆逐艦」であった。簡単に言えばこれは、従来の水雷艇を火力で圧倒できる大型で高性能の快速砲艦である。一定の外洋航行能力を備え、常に艦隊に随伴可能なので、水雷艇への警戒にうってつけであったのだ。

だが、水雷艇駆逐艦は間もなく自身も魚雷を装備し、水雷艇としても運用されるようになる。その結果、「駆逐艦（Destroyer）」という呼称だけが残り、一つの艦種となった。これが駆逐艦の由来であり、その起源は１８９０年代に登場したイギリスのＡ級駆逐艦であったと言われる。

日本海軍の駆逐艦

日本海軍も魚雷の有効性には早くから目を付けていた。明治13（１８８０）年にはイギリスから水雷艇を購入して、１８９４年の日清戦争では26隻の水雷艇を備えている。

水雷艇は航洋能力の低さもあって、当初は拠点防衛が任務であったが、明治28（１８９５）年2月3日には威海衛の夜襲にほぼ全数が投入されると、清国艦隊旗艦の装甲艦「定遠」の撃沈に成功した。すべてが手探りの攻撃ではあったが、夜襲による魚雷の肉薄攻撃の効果を証明したのである。

水雷艇の攻撃的運用が成功したことに味を占めた日本海軍は、駆逐艦が登場するや、すぐにイギリスに発注。１８９９年から相次いでヤーロー社の雷型と、ソーニクロフト社の東雲型、各6隻の駆逐艦を導入し、直後には暁型、白雲型も各2隻ずつ発注した。

1900年から建造に着手された初の国産駆逐艦春雨型（2番艦「村雨」）。イギリスを手本に計画されたが、日本の造船技術が向上しつつあることを実証した画期的なタイプだった

さらに海軍は、明治33（1900）年から国産の春雨型駆逐艦の建造に着手している。基本的にはイギリスから導入した駆逐艦の改修設計型であるが、日本の造船技術によって航洋性のある戦闘艦艇の建造が可能であると証明された、エポックな艦であった。日露戦争の開戦時、日本海軍は19隻の駆逐艦を保有していた。この時点では春雨型は4隻しか完成していなかったが、以後、日本の駆逐艦は国産中心に飛躍していくことになる。

また艦隊編成においては、日露戦争を前に4隻単位で一個駆逐隊を編成する基本形ができあがった。日露戦争直前の連合艦隊は第一艦隊と第二艦隊で構成されていた。そして、当時保有していた駆逐艦19隻については、第一艦隊に3個駆逐隊（11隻）、第二艦隊には2個駆逐隊（8隻）の駆逐艦を割り当てたのである。まだ水雷戦隊という概念はなかったが、戦力ユニットとしてひとまとめにして運用する構想は、すでに開戦前から芽生えていたと言えるだろう。

日露戦争での活躍

日露戦争における日本海軍の戦いは、黄海海戦や日本海海戦の勝利で海上優勢を確保して、戦争の勝利に結びつけたという文脈の中で語られる。世界史的に見ても、この勝利が大艦巨砲の時代の扉を開け、以後の海軍のあり方を決定づけたのである。

だが、水雷兵器が積極的に活用され、また致命的な兵器に変貌していた点も見落とせない。

実際、日本の水雷部隊の活躍も目覚ましかった。開戦劈頭の明治37（1904）年2月9日には、日本海軍の第一、第二、第三駆逐隊、合計10隻の駆逐艦部隊がロシア太平洋艦隊の根拠地である旅順港の夜襲に成功。戦艦「ツェサーレヴィチ」、同「レトヴィザン」、防護巡洋艦「パラーダ」に魚雷を命中させた。撃沈には至らなかったが、ロシア海軍では、夜襲を許した責任で太平洋艦隊司令長官のスタルク中将が罷免され、ステパン・マカロフ中将に交代させられている。

主戦場である大陸への兵站確保のため、太平洋艦隊の無力化が必須であった日本海軍は、2月24日に第三次攻撃を敢行した。これは旅順湾口に老朽大型船を沈めて敵艦隊の封じ込めを図る閉塞作戦であり、駆逐隊も支援に参加したが具体的な戦果はなかった。3月27日には第二次閉塞作戦が実施されたが、これも戦果なく終わっている。

だが、4月13日の攻撃では、雨天に恵まれた駆逐隊が、敵に悟られずに湾口付近に機雷の敷設に成功。苦境にある友軍駆逐艦隊を支援すべく出撃してきた戦艦「ペトロパブロフスク」が、日本の駆逐艦が敷設した機雷によって撃沈され、マカロフ提督も戦死するという大戦果を挙げたのである。もっとも、旅順をめぐっては5月まで閉塞作戦が続けられたがいずれも失敗し、駆逐艦隊も積極的な働きはできなかった。

8月9日には、旅順のロシア艦隊がついにウラジオストックを目指しての脱出を試み、翌10日には連合艦隊が待望していた決戦となる黄海海戦が発生した。この海戦には、5個駆逐隊すべてが第一艦隊隷下にまとめられて投入されている。しかし主海戦では駆逐隊にこれといった活躍はなく、通報艦として別行動をしていた駆逐艦「レシーテリヌイ」を捕獲するに留まっている。

明治38（1905）年5月27日の日本海海戦は、日露戦争において駆逐艦隊が大量投入された最後の海戦となった。駆逐隊は5隊21隻、これに水雷艇も41隻投入されての、まさに決戦である。

だが、海戦における駆逐隊の働きは、統制の取れた水雷戦闘を展開して……とは運ばなかった。各々が敵艦に肉薄しては魚雷を放つ様子は勇敢であったが、艦隊運動との連携や統一性は見られず、ただ主力艦隊同士の大決戦の中で右往左往していた様子が見てとれる。唯一、第四、第五駆逐隊が敵バルチック艦隊の総旗艦「クニャージ・スヴォーロフ」への雷撃に成功し、戦闘力を奪う働きが目立つくらいである。

しかし夜戦になると、駆逐艦隊は水雷艇隊と協同して敵を追撃、戦艦「シソイ・ヴェリキー」、同「ナヴァリン」、装甲巡洋艦「アドミラル・ナヒモフ」、同「ウラジミール・モノマフ」などを撃沈して、昼戦のうっぷんを晴らしたのであった。

翌日にはちりぢりになってしまったバルチック艦隊を追い回し、「叢雲」が防護巡洋艦「スヴェトラーナ」を自沈に追い込んだのをはじめ、各所でロシアの駆逐艦を撃破あるいは降伏に追い込んだ。戦争を通じては大型艦への機雷や雷撃の戦果が目立つ駆逐艦隊であるが、日本海海戦では敵駆逐艦隊との砲撃戦が二日目以降、随所で発生し、その大半に勝利して、敵艦隊を消滅させたのであった。

軍縮条約下の水雷戦隊

日露戦争に勝利し、第一次世界大戦でも戦勝国陣営に立った日本は、世界第三位の海軍国に躍進した。この国際的地位の高まりを背景に、日本海軍は主としてアメリカ海軍を仮想敵として、八八艦隊構想に象徴される大海軍建造に邁進した。

だが、大正11（1922）年に批准したワシントン海軍軍縮条約により、日本海軍の大艦隊建造にはブレーキがかかってしまう。もとより八八艦隊構想は日本の国力の限界を超えた案であったため、軍縮条約に応じる

特型駆逐艦は特Ⅰ型の吹雪型、特Ⅱ型の綾波型、特Ⅲ型の暁型サブタイプに分けることができる。戦間期に建造されたが、その大部分が戦没した。写真は特Ⅱ型の「天霧」

のは海軍としても既定路線であった。しかし国防上の観点から、対アメリカ・イギリスとの主力艦保有比率で七割を死守しようとしていたところを、六割に押さえ込まれてしまったのが大誤算であった。

この一割の差を埋めるべく、日本海軍が期待を寄せたのが、駆逐艦隊――水雷戦隊であった。

敵主力艦隊を日本近海に誘引し、主力艦同士の決戦でこれを撃破するというのが、日露戦争を通じて日本が得た必勝の方程式であった。

しかし、この戦争では戦艦部隊に負けず劣らず、水雷艦艇も勝利の立役者として不可欠な戦いを見せている。明治海軍には、日清、日露の両戦争で駆逐艦と水雷艇による大型艦の撃破に成功したという、疑いない勝利体験が刻まれていたのである。

そこで日本海軍は対米英六割の艦隊において、駆逐艦隊の強化に舵を切った。その最初の答えが吹雪型駆逐艦に始まる特型駆逐艦であった。特型は従来の睦月型に対して兵装で１・５倍という過酷な設計要求をクリアした重武装駆逐艦で、魚雷発射管は三連装を３基搭載して９射線を確保、日本の駆逐艦では初めて連装主砲塔を採用した。

冒頭でも説明したように、大正時代から日本海軍では水雷戦隊が常設されたが、その水雷戦隊に特型駆逐艦を充当して、緒戦で当たるであろう敵の前衛艦隊を圧倒し、丸裸になった敵主力の戦艦部隊には夜間雷撃戦を挑んで一

戦間期、重武装を追求した日本の駆逐艦は、兵装と船体のバランスが悪化していた。特に写真の初春型（2番艦「子日」）は友鶴事件後大改装を受け、建造も6隻で終わっている

甲型駆逐艦こと陽炎型は19隻が建造され、太平洋戦争で日本駆逐艦の主力となった。1938年に進水した、1番艦「陽炎」の進水記念絵葉書を見ると、満洲國、日中戦争の占領地域を勢力圏として表している

陽炎型8番艦「雪風」。日本海軍随一の強運艦として知られるが、同型艦で終戦まで生き残ったのは本艦のみ。いかに激しい戦いだったかがしのばれる

定の損害を与えた後、主力艦隊が決戦に挑む漸減邀撃構想を描いた。つまり漸減邀撃構想の中で特型駆逐艦で編成される水雷戦隊は重要な鍵として期待されたのである。

従来型と異なり、特型では乗組員の居住空間も拡張して、暖房機としてスチームヒーターを導入、冷蔵庫や冷却器、治療室まで常設している。これも漸減邀撃構想の観点に立てば自然な配慮であった。艦隊前衛の水雷戦隊は中部太平洋まで進出する可能性も高く、長期戦に備える必要があったからだ。

しかし、昭和5（1930）年のロンドン軍縮条約では駆逐艦のスペックも制限を受け、特型と同等の駆逐艦が作れなくなった。この制限を受けて初春型や白露型など、小型重武装の駆逐艦建造に邁進したが、用兵側の充分な満足は得られなかった。そこに昭和9（1934）年の友鶴転覆事故と、その翌年の第四艦隊事件が発生して、特型駆逐艦以降の重武装駆逐艦に致命的な懸念があることが露呈すると、日本の駆逐艦建造の発展は一旦頭打ちになってしまう。

もっとも日本は昭和11（1936）年にロンドン条約から離脱したので、以降、軍艦設計の制約から脱することができた。これにより、昭和12（1937）年の第三次海軍軍備補充計画では陽炎型駆逐艦が計画された。陽炎型は特型以降の無理な設計がしわ寄せした教訓を採り入れつつ、最初から九三式酸素魚雷の運用を前提に設計された艦というのが特徴であった。特型以降、兵装能力の低下を受け入れられない日本海軍では、駆逐艦の航続距離の低下には妥協していた。しかし陽炎型は高温高圧の缶を搭載していたこともあり、一気に5000海里まで航続距離を延ばしている（朝潮型では18ノットの巡航速度で3800海里、特型でも4000海里に過ぎない）。

陽炎型のネームシップ「陽炎」は昭和14（1939）年に竣工、以後、日本の艦隊型駆逐艦、すなわち甲型駆逐艦は陽炎型とその改良型となる夕雲型に絞られて戦争中も建造が続けられ、合計38隻が就役したのであった。

想定外の連続となった太平洋戦争

太平洋戦争が始まると、日本海軍の駆逐艦はあらゆる戦場に投入されて戦うことになる。だが二つの点で想定していた戦略的状況とは大きく違っていた。

一つは、真珠湾奇襲攻撃によって米太平洋艦隊の戦艦群が壊滅したこと。これにより形としては米軍が防御側となったため、日本に向けて侵攻してくる敵艦隊をまず水雷戦隊が叩くといった決戦構想の前提が機能しなくなっていた。

もう一つは、海戦の主役が航空戦力に移り、水雷戦隊の出番より先に艦隊戦が決着してしまうことであった。だが、昭和17（１９４２）年8月に始まった、ソロモン諸島のガダルカナル島をめぐる攻防戦が始まると状況は、さらに想定外の形となる。ガ島にヘンダーソン基地を確保された日本軍は、同島上空での航空優勢を失ったため、駆逐艦を輸送船の代役として投入せざるを得なくなったのだ。

最初は緊急措置として駆逐艦による代用輸送を認めていた海軍であるが、8月下旬に

前衛として集中砲火を受けた「高波」の仇討とばかりに、敵艦隊へ接近、必殺の魚雷を放つ旗艦「長波」を先頭にした日本駆逐艦隊。ルンガ沖夜戦において、連合軍艦隊は次々と被雷、重巡1隻が撃沈され、3隻が大破した

は駆逐艦主隊の夜間輸送、いわゆるネズミ輸送に全面的に方針転換。こうして駆逐艦部隊は作戦の自由度を制約されただけでなく、損害の続出に苦しむこととなった。加えて水雷戦隊も戦隊単位でバラバラに運用され、その強みを失っていた。このような状況が不利に作用して、10月11日に発生したサヴォ島沖海戦では、得意の夜戦にまさかの敗北を喫し、重巡「古鷹」と駆逐艦3隻を失う不覚を取ったのである。

可能性を示したルンガ沖夜戦

ガ島攻防戦は日本軍にとって泥沼の消耗戦となったが、昭和17年11月30日にルンガ沖夜戦が発生した。駆逐艦隊によるネズミ輸送任務の最中の遭遇戦であったが、今回の参加部隊は日本海軍最強の水雷戦隊、第二水雷戦隊の駆逐艦が中核であった。二水戦は「長波」を旗艦とし、警戒隊と輸送隊に分けた計8隻の駆逐艦からなるが、すでに日中からB-25爆撃機に触接されていたため、司令部も敵艦との会敵を予期していた。

2030時頃、二水戦はサヴォ島の北西側からガ島に接近した。0906時には米軍側がレーダーで二水戦の存在を掴んでいたが、日本側の先頭を行く警戒隊の「高波」の見張り員も敵艦を発見し、各艦に伝達している。

この時、日本艦隊では補給物資の投下準備中であった。今回のネズミ輸送ではドラム缶輸送を試みていた。補給物資を詰めた200本のドラム缶を一本のロープに結束し、揚陸地点付近の海中に投下。陸側からロープをたぐって回収するという時間短縮策を試みていた。しかし「高波」の報を受けた司令官の田中頼三少将は、ただちに全艦に揚陸作業の中断を命じ、全軍突撃命令を発したのである。

米軍の砲火は単艦行動をとっていた「高波」に集中したが、二水戦本隊は充分な攻撃態勢を整えて、一斉に砲雷撃を開始。「ミネアポリス」「ニューオーリンズ」「ペンサコーラ」の3隻の重巡を雷撃によって大破に追い込み、重巡「ノーサンプトン」も命中魚雷2本で撃沈したのであった。

「高波」は最初の発砲から2時間後に沈没した。被害担当艦になりつつもよく耐え、ルンガ沖夜戦の勝利を演出した。また同じく田中司令が座乗する旗艦「長波」も僚艦を従えて雷撃を敢行、どちらも最新の夕雲型駆逐艦として期待通りの働きをした、まさに水雷戦隊の面目躍如の大勝利であった。

夕雲型は陽炎型の準同型艦であり、両型をあわせて甲型とも呼ばれる。写真は最終19番艦「清霜」。夕雲型は全艦が戦没している

だが、この勝利に対して海軍上層部は冷淡であった。田中司令の判断は、第一の目的である補給物資の輸送を放棄して、目先の戦術戦闘に囚われた、大局的視野を欠いたものとして非難されたのである。確かにガ島に補給ができない海軍は、陸軍から猛烈な突き上げを食らっていた。その八つ当たりのように、田中司令は帰投後に艦隊指揮から外され、以後、閑職にまわされて戦争を終えている。

彼我の状況と現場を鑑みれば、この非難は不当であろう。仮にドラム缶輸送を最優先したとして、どうすれば成功できたのか。その結果として艦隊にどこまでの損害が許容されたのかなど、対案に乏しい批判と見受けられる。

この点、突撃命令のタイミングや、「高波」への集中砲火を逆手にとっての充分に間合いを詰めてからの飽和雷撃で大戦果を上げた田中司令の手腕については、アメリカ軍側の方が高く評価している。太平洋戦争における最良の艦隊指揮官の一人として認める専門家も多い。

海戦の形が変わってしまったことで、戦略的な役割を

ルンガ沖夜戦で艦首を魚雷で吹き飛ばされた米重巡ミネアポリス。不本意な任務で消耗し続けた日本駆逐艦にとって、大きな勝利だった

失い、その実情に合わぬ不本意な任務を強いられた水雷戦隊。しかしルンガ沖の閃光が、あり得べき水雷戦隊の戦いを一瞬でも照らし出してくれたことに慰めを見出すのは、ロマンが過ぎるだろうか。

第八章

戦争が必要とした「戦時急造駆逐艦」

航空主兵となった太平洋戦争において、艦隊決戦の主力になった空母を除けば、日本海軍でもっとも働いた艦艇は駆逐艦であった。しかもそれは戦前から整備していた高性能駆逐艦ではなく、戦時急造艦と呼ぶべき駆逐艦群であった。

消滅した日本の駆逐艦設計ライン

日露戦争で駆逐艦を活用して戦果を挙げた日本海軍は、戦後も駆逐艦の整備に力を入れた。大正時代には国産主体となり、優速かつ昼間水雷襲撃への対応が可能な一等駆逐艦（峯風型）と、小型で水雷艇寄りの二等駆逐艦（樅型）の二本立てで取得、建造を進めた。高性能かつ高額な一等と、性能、価格ともほどほどな二等によるハイ・ローミックスで、質と量を同時に充実しようと図ったのである。

しかし大正11（1922）年にワシントン海軍軍縮条約が締結されると、日本海軍は主力艦の保有量でイギリス、アメリカに劣勢を強いられる。そして、これを補うため駆逐艦隊の水雷戦術に期待した海軍は、一等駆逐艦建造に資源を集中するようになる。これが吹雪型に始まる特型駆逐艦であり、攻撃力に特化した高性能駆逐艦の登場は、世界の海軍関係者に衝撃を与えた。

以後、主要海軍の駆逐艦建造の動向や、ロンドン海軍軍縮条約での補助艦制限などに左右されるものの、日本の駆逐艦建造はおおむね一等駆逐艦に集中し、二等に類する艦艇は少数の取得に留まっていた。そして1930年代半ばに軍縮条約から脱退する意向がはっきりすると、甲型駆逐艦と呼ばれた陽炎型駆逐艦と後継の夕雲型駆逐艦の建造に着手。これは開戦直前の第四次軍備拡張計画で丙型駆逐艦の島風型に発展し、さらに防空駆逐艦として乙型、すなわち秋月型の建造着手につながっていく。このように日本の駆逐艦整備は、ハイ・ローミックスでスタートしながら、「ハイ」にあたる高性能駆逐艦に絞られて、ローの生産ラインが消えていったのが分かる。

主力艦隊同士の決戦に先立ち、夜間水雷戦で敵主力に一定の打撃を与える。そうした決戦思想を前提として、水雷戦隊と呼ばれる駆逐艦隊を整備していた日本海軍独自の事情が、単線的な駆逐艦建造計画を後押ししていたのだ。

しかし実際に戦争が始まってみると、想定通りにはならなかった。水雷戦をともなう敵主力艦隊との決戦が発生しなかったからだ。しかも拡大した占領地に展開する輸送船の護衛がまったく足りないため、なし崩しに水雷戦隊の駆逐艦が護衛に駆り出されて、戦力の集中が難しくなってしまう。

それでもまだ勝っているうちは良かったが、昭和17（1942）年8月にガダルカナル島攻防戦が始まり、輸送船の護衛どころか、駆逐艦自体が輸送船の肩代わりでネズミ輸送に投入されるほど事態が悪化すると、それまでほぼ無傷であった駆逐艦に被害が続出するようになる。

短期間での事態打開は望めないため、このような駆逐艦の損耗が戦争遂行に重大な悪影響をもたらすのではないかと懸念された。これを解決するため海軍が建造を急いだのが、戦時急造艦ともいうべき松型駆逐艦なのであった。

松型駆逐艦の建造背景

駆逐艦の損失増大に悩んだ海軍は、昭和17年末、つまり第三次ソロモン海戦に敗退して、ガ島放棄が既定路線となった段階で、主力の駆逐艦を補う量産型小型駆逐艦である松型駆逐艦の建造に動き出した。島嶼間などでの輸送護衛を主任務とし、艦隊戦にも堪える一定レベルの雷撃力を備えた、量産に適した駆逐艦というのが、松型の狙いであった。甲型（陽炎型など艦隊型駆逐艦）、乙型（秋月型）、丙型（一隻で建造中止された「島風」）とは別枠の艦種であるため、松型駆逐艦は丁型とも呼ばれる。

戦時急造艦とはいえ、20年以上も高性能駆逐艦の建造に傾いていた日本海軍のこと、丁型の仕様決定は最初から難航した。せっかくの新造艦、あれもこれもと積み込もうとする悪弊が抜けず、丁型の初期案は「ミニ陽炎型」とも呼べる性能になっていたのだ。

しかし当然これでは建造ペースが上がらないことが分かると、軍令部は要求性能の引き下げに応じ、都合9種類の案を経て、丁型駆逐艦の設計案がまとまった。そして昭和18（1943）年2月には予算承認を求める商議が認可されて、同年度から20年度末までに42隻の丁型駆逐艦が建造されることになったのである。

最初の丁型駆逐艦は、駆逐艦の故郷とも呼ばれる舞鶴工廠で8月8日に起工された。次いで横須賀工廠と民間の藤永田造船所にも相次いで発注がかけられた。ネームシップの「松」が竣工したのは9ヵ月後の昭和19（1944）年4月28日であったが、以降の艦は7～8ヵ月に工期が短縮された。ネームシップからも分かるように、続々と竣工する丁型には日本の樹木の名前が与えられることになり、雑多な木の名前が次々に現れることから「駆逐艦の雑木林」と揶揄する声もあった。

それでもまだ量産性は不十分であると判断され、1944年3月には最短3ヵ月で建造できるよう設計の変更が求められた。これに応じて船体のラインを可能な限り直線上にして、上甲板をHT鋼（高張力鋼）から普通鋼に変更して、船体に全溶接構造を採用した改丁型駆逐艦に移行する。

改丁型に属する「初桜」。終戦直後の8月、相模湾で連合国艦隊と会合した際の撮影で、最終時の姿がよく分かる。復員輸送に従事した後、賠償艦としてソ連に引き渡された

エンガノ岬沖海戦で対空戦闘中の松型駆逐艦（写真下）。このときの戦闘に参加したのは「桑」と「槇」なので、写真に写っているのはそのいずれかであろう

改丁型最初の船は昭和19年7月に横須賀工廠で起工され、昭和20（1945）年1月20日に「橘」として竣工した。一般に「橘」以降の改丁型を橘型駆逐艦と呼んでいる。橘型の工期は、さすがに3ヵ月は無理であったものの、5ヵ月までは短縮できた。戦争末期の日本の状況では驚くべき成果といえるだろう。

松型の性能と船団護衛

戦時急造艦として説明される松型駆逐艦であるが、実際、日本海軍としてはかなり思い切った設計になっている。

全長100メートル、基準排水量は1200トンあまりの船体は、甲型駆逐艦の最終型である夕雲型より19・3mも短く、排水量は800トン以上も小さい。

また機関も生産性を優先して鴻《おおとり》型水雷艇と同型のボイラーを2基で忍んだため、出力は1万9000hp（夕雲型は5万2000hp）、速力は28ノットにとどまった。35ノット超を当たり前に出していた日本の駆逐艦としては相当な妥協であるのが分かる。

また主砲、雷装もほぼ半減している。ただし、主砲に日本駆逐艦として初めて12・7センチ高角砲を採用しているのは、航空機によって従来型駆逐艦が次々と失われている状況を打開するためであった。もっとも、高性能な高射装置までは備えていないので、防空艦と呼べるほどの性能は期待できなかった。

松型駆逐艦で特筆すべきは、日本の駆逐艦として初めてシフト配置を採用している点である。従来型では蒸気を起こすボイラー室と、その蒸気から動力を取り出すタービンなどが置かれる機械室は、それぞれひとまとめになっていた。この場合、スペースは節約できるが、ボイラー室や機械室に爆弾や魚雷が1発でも命中すると、それだけで動力が完全に失われてしまう。

戦後撮影された「欅」。無傷で終戦を迎え、特別輸送艦として復員輸送に従事した後、賠償艦としてアメリカへ引き渡され、標的艦として処分されている

しかし松型では、プロペラごとにボイラー室と機械室をワンセットにして前後に分離して配置するので、一挙に動力を喪失する可能性を局限できる。工期短縮の要求には反するが、航空爆弾などで動力を失い戦没する船が続出した戦訓を反映したのである。

また船体の材質も変化した。日本の駆逐艦は軽くて強度が強いデュコール鋼を使用していたが、松型では入手しやすいＨＴ鋼を使用したのである。材質レベルは特型駆逐艦の時代までざっくり20年巻き戻ったことになる。さらに橘型に至っては普通鋼の船体とされた。重量が増加して速度性能も悪化するが、それでも生産性が重視されたのだ。

駆逐艦「松」は就役後、練習部隊の第一一水雷戦隊に所属して訓練を積んでいた。当初はサイパン島方面へ進出する予定であったが、6月のマリアナ沖海戦の敗北で中止されたため、姉妹艦の「桃」「竹」「梅」とともに第四三駆逐隊を編成して初陣を待つ。しかしこの4隻が並ぶことはついになかった。「松」は第四三駆逐隊を編成する前から小笠原方面への輸送に従事していたからだ。

この任務のさなかに、「松」は小笠原から横須賀に帰投する四八〇四船団（駆逐艦「旗風」と3隻の海防艦、駆潜艇）の旗艦を務めている。船団護衛に駆り出された海防艦や駆潜艇などの小船団は旗艦を必要としていたため、駆逐艦や巡洋艦を割り当てなければならず、連合艦隊の負担になっていた。その点、松型は護衛艦隊程度なら指揮できる機能を持っていた。したがって松型の増勢は主力の駆逐艦隊の負担軽減につながる、まさに海軍にとって待望の船なのであった。

艦隊随伴任務でのつまづき

「松」は初陣となる硫黄島への輸送任務中の8月4日に敵艦隊と交戦して消息を絶ったが、後続の姉妹艦も苛烈な戦いに身を投じた。そんな戦いをいくつか採りあげてみたい。

「松」を欠いた第四三駆逐隊は、第三一戦隊に配属された。この戦隊は外洋での対潜機動部隊として編成されたが、初陣は昭和19年10月末のレイテ沖海戦にて機動部隊本隊、つまり囮艦隊となる小沢機動部隊に随伴しての護衛任務であった。しかし「桑」「槇」「杉」「桐」の4隻は速力も航続距離も足らないので、途中、空母から給油を受けねばならず、作戦の足を引っ張ってしまう。また10月24日には乗員救助で落伍していた「桐」と「杉」が、あろうことか敵艦隊に紛れ込んでしまい、こっそり反転逃走する有様で、肝心のエンガノ岬沖海戦に参加できずに、面目を失った。

それでも艦隊にどうにか随伴した「桑」と「槇」は、それぞれ空母を直衛して戦った。この時、「槇」は敵の第二次空襲で直撃弾3発を受けたが、ここで松型のシフト配置が奏効して機関は守られ、20ノット以上を発揮できた。しかし夕方になる頃には守るべき空母はすべて沈み、「槇」はやむなく沖縄に退避、生還している。

「桑」についても、空母「瑞鳳」を直衛して奮戦し、沈没した「瑞鳳」から８４７名を救出して生還した。

松型駆逐艦は艦隊随伴駆逐艦としては作戦の足を引っ張りかけたかもしれない。しかし一度も機動部隊と合同演習もせずに大作戦に投入された状況を考えれば、与えられた任務を良くこなしたと評価すべきであろう。

12月下旬には松型駆逐艦「榧《かや》」「杉」「樫」の3隻が「礼号作戦」に参加。フィリピンのミンドロ島に上陸し

戦後撮影された「杉」。すでに武装は撤去されている。特別輸送艦として復員輸送に従事後、賠償艦として中華民国に引き渡されたが、国共内戦中、台湾に向かう途中で座礁、解体された

た敵軍へ殴り込むという乱暴な作戦であったが、サンホセの敵上陸地点に対する艦砲射撃に成功し、空襲で損害を受けつつも生還した。しかし復路は燃料不足のため3隻は主力艦隊から分離され、ギリギリの巡航速度でどうにかカムラン湾に帰投できたのは、このクラスの駆逐艦の限界を示している。

オルモック湾海戦の快事

レイテ沖海戦や礼号作戦ではかろうじて艦隊戦闘任務をこなせる能力を証明した松型駆逐艦であるが、本来の建造目的である島嶼間の輸送や船団輸送ではどうだったのだろうか。その実態の一つが、米軍が上陸したレイテ島に対する緊急輸送任務「多号作戦」で確認できる。

ルソン島のマニラからレイテ島西岸のオルモック湾までの最短距離を結び、敵の航空優勢下を突いて物資を運ぶという危険な任務が、「多号作戦」の名で九度に渡って実施された。そのうち松型駆逐艦が投入されたのは第三次と第五次、そして第七次以降の合計五回であった。

このうち松型の活躍としてもっとも有名なのが、12月1日から実施された第七次輸送である。「竹」「桑」のほか輸送船3隻からなる小艦隊は、敵と遭遇せずに2日深夜にオルモック湾に突入した。「竹」の艦長、宇那木《うなぎ》勁《つよし》少佐は、第五次輸送作戦に失敗しているだけに、捲土重来の思いを強くして作戦に臨んでいた。

しかし日付が変わったばかりの3日0時30分頃、揚陸作業中の日本艦隊は、湾口に現れた3隻の敵駆逐艦によって退路を塞がれてしまう。この敵新鋭駆逐艦「モール」「アレン・M・サムナー」「クーパー」の3隻に向かい、すぐさま「桑」が突撃したが、集中砲火を浴びて沈没。しかしその間に「竹」が雷撃体勢をとり、3本の魚雷射出を試みたのである。

ところが、位置取りは理想的であったものの、電気系統の故障で魚雷の射出に失敗してしまう。そこで再び位置取りを変えると、今度は伝令と光信号の合図により手動で九三式酸素魚雷を発射した。魚雷は6000メートル先の「クーパー」の右舷中央に命中し、同艦は30秒後に真っ二つに割れて沈没したのであった。

その後、「モール」と砲撃戦になり中破した「竹」であるが、敵は日本の特殊潜航艇がひそんでいる可能性を警戒して撤退したのであった。

「桑」の犠牲と「竹」の奮戦により、輸送艦の荷下ろしは無事に完了し、第七次輸送作戦は、多号作戦の中でも数少ない成功例となった。この時に発生した海戦は「オルモック湾夜戦」と呼ばれ、日本海軍最後の雷撃戦の勝利とされている。最弱の駆逐艦が敵の最新駆逐艦を撃退した快事であった。

多号作戦に投入された松型駆逐艦は、「桑」が砲撃戦で撃沈されたほかは、第八次作戦に投入された「桃」が、作戦終了後の空襲で損傷し、修理のため移動中を潜水艦に撃沈されている。

以後、レイテ島が陥落すると、第三一戦隊は台湾～マニラ間の海上輸送路護衛における対潜掃討作戦に従事した。しかし実際は護衛や輸送のほか、礼号作戦に駆り出され、対潜掃討作戦には一度も投入されなかった。

第三一戦隊は昭和20年2月に内地に帰投すると、壊滅状態の水雷戦隊に吸収されて、対潜任務から解放された。新たな任務は特攻兵器「回天」を搭載しての洋上襲撃であったが、ついに作戦は実施されず終戦を迎えている。

昭和19年12月4日午後、第七次多号作戦において敵駆逐艦3隻と交戦、そのうちの1隻を撃沈してマニラに帰投した「竹」。マニラ港では同型艦「梅」「桃」「杉」が第八次多号作戦の出撃準備を進めていた

松型と護衛艦「わかば」

昭和17年度戦時補充計画に始まる松型および橘型駆逐艦の建造計画は、77隻の計画数に対して、橘型14隻を含む32隻が完成した。もっとも19隻はレイテ決戦の敗北後に竣工しているので、数に見合う戦力としてのインパクトはなかったが、防空能力や生残性、いざというときの雷撃力、そして相手に脅威を与えるには充分な対潜哨戒能力と護衛艦隊の指揮能力など、戦争遂行に必要な性能をまんべんなく備えた、実に使える船であった。戦争中に計画した大半の艦艇を戦力化できなかった日本海軍にあって、松型駆逐艦はまともに戦力化できた唯一の戦時急造艦艇と言えよう。

もともと日本海軍は短期決戦志向であったため、商船団を守る護衛駆逐艦がほぼ存在しなかった。しかし、これはどの国も同じであり、例えばアメリカでは１９３９年に護衛駆逐艦の開発が検討がされたが、作戦本部は「艦隊型駆逐艦以外の駆逐艦を艦隊編制に加える余裕はない」と主張して排除されている。

だが１９４１年半ばにイギリスから護衛駆逐艦１００隻を建造するよう要請を受けると、ようやく深刻な事態を理解して、護衛駆逐艦の開発と

建造に着手する。その結果として、自国海軍にエヴァーツ級やバックレイ級といった護衛駆逐艦が納入されたのは1943年春以降であった。松型とは1年の違いでしかない。また、第一次世界大戦であれほどドイツのUボートに痛めつけられたにもかかわらず、イギリスでもハント級護衛駆逐艦の建造が間に合わず、アメリカに助けを求めなければならなかったのだ。

もっとも、日本の場合はガ島攻防戦の敗色が濃厚になってからの丁型駆逐艦の立ち上げであったため、米英よりもさらに動きは遅い。それでもタラレバが許されるなら、軍

戦後引き上げられた「梨」。最後まで対空戦闘を行っていたのか、主砲は空をにらむ。船体戦争が必要とした戦後部は命中した爆弾によって内部から大きくめくれあがっている（写真／海上自衛隊）

「梨」は修理され、海自の護衛艦「わかば」へ生まれ変わった。ただし、上部構造物はすべて撤去され、新造されている。当初は非武装だったが、その後兵装を搭載、実験艦的な役割を担った（写真／海上自衛隊）

縮条約時代に特型駆逐艦をはじめとする一等駆逐艦建造に偏重せず、二等駆逐艦をほどよく含めたハイ・ローミックスを維持していれば、太平洋戦争に際して護衛艦艇の不足はかなり緩和されただろう。しかし、それが水雷戦隊の活躍に結びついたという保証もなく、戦争の推移を見れば戦略的には大した問題ではなかったと思われる。日米英、どの例をみても、戦争に備えた平時の軍備の難しさを思い知らされる。

もうひとつ、松型駆逐艦については、改丁型の「梨」に触れておきたい。昭和20年3月15日に竣工したこの船は、出動機会に恵まれないまま7月28日に空襲を受けて沈没した。そして呉沖で沈むに任せたまま、昭和29（1954）年になって解隊と遺体収容のために引き上げられたが、船体と機関部は想像以上に状態が良かったので、再生して海上自衛隊で使用することとなった。

そして呉造船所で旧海軍式の兵装をすべて撤去し、再整備工事の末に蘇った「梨」は、昭和31（1956）年に警備艦「わかば」として海上自衛隊に編入されたのである。「わかば」には順次兵装一式が装備され、昭和46（1971）年まで護衛艦として使用された。

実際のところ、「わかば」は巨額の経費と手間をかけてまで海自が必要とした艦艇ではなかったともいえる。しかし松型駆逐艦の真価に気付くのが遅れた旧海軍の教訓として、その姿が自衛隊の中にあることには意味があったのかも知れない。

第九章

日本海軍を動揺させた「水雷艇」

海軍軍縮条約下における
戦力補強の一環として復活した水雷艇。
その名とは裏腹に、小型駆逐艦と呼ぶべき重武装を施されたこの船は、
日本海軍をパニックに陥れる事故を引き起こし、
その名を海軍史に留めたのであった。

海軍軍縮条約への対抗策

第一次世界大戦後の大正10（1921）年11月11日から、ワシントンにて日・英・米・仏・伊の5ヵ国が中心となり、海軍軍備の縮小と、太平洋、極東域の諸問題に関する国際会議が開催された。翌年締結されたワシントン海軍軍縮条約では、上記5ヵ国について、主力艦艇の大きさや保有量の制限が定められた。

この会議では、主力艦艇の保有トン数比で日本は対英米の7割保有を主張したが認められず、6割に抑え込まれてしまった。その結果、日本海軍は重武装を旨とする優秀艦艇の建造に邁進するとともに、条約の制限から外れた駆逐艦や補助艦艇を充実させて、英米との戦力差を補おうとした。ところが昭和5（1930）年1月のロンドン軍縮会議では、制限が緩かった巡洋艦に加え、駆逐艦と潜水艦も新たに制限対象に加えられてしまう。

駆逐艦については排水量1850トン以内、主砲は5・1インチ（13センチ）以下とされ、1500トン以上の駆逐艦は、各国保有量の16パーセントまでに制限された。ところが日本は特型駆逐艦ですでにこの枠を使い果たしていたのであった。

無論、日本海軍も軍縮条約に備えていた。特型駆逐艦の性能は他国の駆逐艦を圧倒していたので、日本海軍ではロンドン軍縮会議で特型の追加建造に制限がかけられるのは確実だ。そこで条約締結前から特型の建造を打ち切り、それまで建造が止まっていた二等駆逐艦にシフトして、二本立ての駆逐艦隊整備を検討した。ところが、締結されたロンドン条約では、あらかじめ基本計画を策定していた1000トン級の二等駆逐艦の仕様までもが条約の制限に含まれたために、建艦計画が白紙に戻ってしまったのである。

しかし条約では排水量600トン以下の水上艦については、保有制限は設けられていなかった。そこで条約に抵触しない排水量の補助艦艇を二等駆逐艦の代替とすることを決め、便宜的に「水雷艇」の名を与えて復活させたのである。

水雷艇という艦種は、魚雷を主兵装とする小型快速艦として明治期に日本で導入された。日清戦争では威海衛襲撃に戦果を挙げ、日露戦争でも、夜襲の主力として日本海海戦の後の追撃戦で活躍した。しかし大型、快速の駆逐艦が充実するにつれて艦種の整理が必要とされ、大正13（1924）年には水雷艇は廃止されていた。この艦種が、ロンドン条約によって復活したのである。

千鳥型は軍縮条約の制限をかいくぐるため建造された。1番艦「千鳥」の復元性改修工事後の姿。昭和19年12月、御前崎沖で米潜水艦の雷撃により撃沈されている

このようないきさつから昭和8（1933）年に完成した昭和の水雷艇の第一号が、千鳥型水雷艇である。主砲は初春型駆逐艦と同じ50口径の12・7センチ砲で、艦首に単装、艦尾に連装の計3門を搭載。雷装は六年式53センチ魚雷発射管2基で、魚雷は予備魚雷とあわせて8本も搭載していた。

設計は全般に初春型の影響を受けているが、砲塔が異様に巨大に見えるあたりに、600トンという船体との対比がはっきりする。結果、艦橋は艦首砲塔に視線を遮られないように、かなり背が高い構造となった。また艦尾には爆雷と単艦式大掃海具を装備して、対潜戦闘や掃海も可能であった。

ネームシップ「千鳥」は当時要港に格下げされていた舞鶴の工作部で建造され昭和8年11月20日竣工、その完成から2ヵ月後の昭和9（1934）年1月31日には藤永田造船所で「真鶴」、その翌月、2月24日には舞鶴で3番艦の「友鶴」が完成した。そして「友鶴」完成の直後に帝国海軍を震撼させる海難事故が発生したのである。

1937年に上海で米艦上から撮影された千鳥型（右）。左手に見えるのは軽巡洋艦「名取」。千鳥型、鴻型は、当初は中国戦線で活躍した

友鶴事件と改正型の建造

昭和9年3月12日午前1時、佐世保警備隊は沖合の大立島の南方海域にて夜間演習を実施していた。この日、天候条件は悪かったが、当時、夜襲を重視していた海軍では、悪天候はむしろ緊張感を出せるという見方まであり、危険を顧みない訓練が重ねられていたのである。

この夜の演習は軽巡「龍田」を敵主力艦に見立てて、新戦力として加わった水雷艇「千鳥」と「友鶴」が襲撃を繰り返すという内容であった。ところが、夜通しの訓練を終えて佐世保港に帰投中の午前4時12分頃、最後尾を行く「友鶴」の灯火が突然見えなくなった。僚艦は探照灯で捜索したがどこにも見つからない。佐世保鎮守府では、夜明けを待って所属艦艇を総動員して捜索を開始したところ、完全な転覆を意味するアップサイド・ダウン状態の「友鶴」が発見されたのであった。佐世保港に曳航されるや、すぐさま船体を切断して乗員救助が試みられたが、生存者はわずかに13名で、艇長以下100名が殉職するという大事故となってしまったのである。

転覆事故当時の佐世保沖の天候は南南東の風、雨交じりの風速20メートルで、波高は4メートルであったという。だが、軍艦が悪天候程度で沈むはずはない。当初は船体構造の欠陥が疑われたが、船体の検分では水密には異常は見当たらなかった。以後、調査が進む中で疑われたのが、規格外の三角波である。当時の気象条件と、地形や水深と波浪の相互作用によって発生した巨大な三角波により、「友鶴」は転覆したと結論するほか

なかったのだ。しかし「千鳥型水雷艇」は110度の傾斜でも転覆しない設計とされていたので、自然な転覆は考えにくい。

いずれにしても軍艦の転覆事故は国防の根幹を揺るがす一大事だ。そうでなくても外的損傷を受けていない新造艦が悪天候のみで転覆するという事件自体が、20世紀には稀な出来事であった。したがって友鶴事件は単なる新型水雷艇の設計ミスでは済まされなかった。千鳥型水雷艇は、小型の船体に重武装を施すという日本海軍の建艦思想の到達点であり、新造艦を中心に、設計思想が共通する艦艇が数多くあるからだ。

海軍の動きは速かった。事故から1ヵ月後の昭和9年4月5日、加藤寛治大将を委員長とする臨時艦艇性能改善委員会の元で、徹底的な調査が始まった。委員には用兵、造船の要人が加えられ、予備役造船士官となり東京帝大で教壇に立っていた造船の神様、平賀譲も加わっていた。

調査の結果明らかになったのは、千鳥型の復元力不足であった。艦船の復元力とは、横倒しの傾斜を元に戻そうと自然に働く力のことである。この場合、重心の位置が重要だ。重心が低ければ低いほど、航行中の艦船は安定し、復元力も高くなる。しかし千鳥型水雷艇は小型の船体に不釣り合いな重武装を施したので、重心点が高かった。しかも排水量制限を守るための浅吃水設計も、重心調整に不利に働く。このような船は、横方向から受ける風や波でバランスを崩しやすくなってしまうのだ。

千鳥型は公試排水量は615トンとされていたが、完成してみれば700トンを上回っていた。これも過大な兵装が原因であり、実際、千鳥型の砲熕、水雷、電気兵装の重量は167トンで、排水量の24パーセントを占めている。兵装の重量だけなら排水量で2・5倍近い睦月型駆逐艦に迫り、同じく重武装とされる吹雪型でさえ、排水量に占める割合は14パーセントに満たない302トンである。いかに千鳥型が突出して異常な設計であったのか分かるだろう。このようなトップヘビーへの懸念は建造当時から理解されていたので、両舷側にバルジを追加して浮力バランスをとるなどしていたが、焼け石に水であったのだ。

誤りを正せぬ組織の難しさ

「友鶴」悲劇の予兆は、実は公試の時から認められていた。28ノットで15度の転舵をしたところ、突然予期しない大傾斜が発生して転覆の危険が生じたために、転舵を解除したという記録がある。この異常に最初から向き合っていれば友鶴事件は未然に防げたかも知れないが、そう単純な話ではない。日本海軍において、友鶴事件は最初の転覆事故ではないからだ。

明治28（1895）年5月11日、第十六号水雷艇（54トン）が台湾西岸沖にある澎湖島付近を航行中に、荒天によって転覆する事故があった。モデルシップの第五号型水雷艇は、フランスのシュナイダー社に発注したものであるが、第十号水雷艇以降は国内建造している船であった。

悪天候に翻弄される「友鶴」。転覆事故当時の佐世保沖の天候は南南東の風、雨交じりの風速20mで、波高は4mだったという。しかし、軍艦はたとえ横倒しになっても復元するように建造されており、悪天候で転覆してしまう程度の復元性は致命的な問題だった

また昭和7（1932）年12月5日には、二等駆逐艦、若竹型駆逐艦4番艦の「早蕨（820トン）」が台湾沖を航行中に荒天に遭遇して、転覆沈没した。第十六号水雷艇の事故は古すぎて教訓とするのは難しい。しかし友鶴事件は「早蕨」転覆から1年ほどの

出来事であり、参考とすべき教訓はなかったのだろうか。
　もっとも若竹型はネームシップの就役から15年も経過した古豪であり、運用期間を通じて同型艦の復元性不足が指摘されたことはなかった。加えて「早蕨」の事故は、甲板上に大量の物資を積載して航行中であった例外的な事故と判断された。艦艇の問題とは見做されず、復元力不足という可能性までは追及されなかったのである。
　ところが友鶴事件の翌年、昭和10（1935）年9月26日に発生した第四艦隊事件は、ふたたび海軍を震撼させる大事故となった。台風の中を突いて強行された年次大演習において、敵性艦隊の赤軍を編成した第四艦隊では、参加艦艇の深刻な破損が続出したのである。駆逐艦「初雪」と「夕霧」は艦首部が切断して失われ、「菊月」は艦橋が圧壊している。被害は駆逐艦に留まらない。空母「龍驤」は艦橋が破壊、「鳳翔」は艦橋だけでなく飛行甲板の前端が潰れて航行不能となった。落伍艦を多数出しながらも演習は強行されたが、後に再集結した艦隊は、まるで大海戦を終えた後のように打ちのめされていたという。

予想された台風の中で演習が強行されたのは、友鶴事件の教訓から、危険艦艇の復元力問題は解決していたという自信に裏付けられていた。しかし、今回の事故の原因は、復元ではなく船体の脆弱な設計にあった。

だが、この第四艦隊事件にも予兆はあった。「初雪」と同型艦の駆逐艦「叢雲」にて、演習に先立つ7月に、舷側に異常な皺状の破損が生じているとの報告がされていたからだ。調査では高速航行時に波とぶつかる衝撃による破損と判断されたが、軍艦として看過できる事案ではない。この時点で特型を中心とする日本の駆逐艦には構造上の問題があるのではないかという懸念が高まったはずであるが、問題追及が先送りされた結果が、第四艦隊事件に繋がったのである。

事故は単独、単発で発生するものではないという考えがある。損害保険業界では有名な「ハインリッヒの法則」に従えば、組織が死亡事故などの重大インシデントを発生させた場合、その以前に応急処置で済ませられた29件の軽傷事故と、300件の未遂事故が発生しているとされる。そして、この300件の背後には3000を超える「ヒヤリハット」がある。

ハインリッヒの法則はなにも日本海軍に限った話ではなく、組織には必然的に付いてまわる。だが、友鶴事件に直面した海軍は、千鳥型をはじめ、最上型重巡や初春型駆逐艦を設計した海軍造船少将、藤本喜久雄造船官を謹慎処分とした。藤本造船官は事件の翌年に脳溢血で死去したが、自殺であったと信じられている。

だが、世界にも稀な軍艦の転覆を再三発生させた事実の背景は、藤本造船官個人のミスで幕引きされるようなものではない。設計上の不合理を推してでも個艦優秀主義を追究した日本独自の取り組みが問題の因子となっていたのは、誤りを自ら正すのを苦手とする、今に続く日本型組織への教訓であろう。

千鳥型水雷艇の改正と鴻型水雷艇

友鶴事件後の海軍では、建造中の四番艦「初雁」を含む千鳥型について復元力回復工事が即座に実施された。主砲は50口径12・7センチ砲から45口径三年式12センチ単装砲3門となり、魚雷発射管は連装2基から1基に半減、予備魚雷も廃止された。大幅な雷撃力少に見えるが、次発装填装置がない船では予備魚雷は実用性に欠けるので、適正なバランス力になったと見るべきだろう。転覆した「友鶴」も大工事の末に現役に復帰した。

　友鶴事件の余波により、当初は20隻予定されていた千鳥型の建造はこの4隻で打ち切りとなり、後

鴻型3番艦「隼」。上海から遡上した黄浦江を行く姿で、中国戦線では苦戦しつつも1隻も喪失することなく戦い抜いている

物資を搭載して上陸する大発の背景に写るのは鴻型2番艦「鵯」。1941年中国での撮影。もし水雷艇が当初予定通り建造されていたら、商船の損害はもう少し抑えられたかもしれない

継の水雷艇に生産はシフトした。それが鴻《おおとり》型水雷艇である。

もともと鴻型は、千鳥型より船体を一回り大型化して、12・7センチ砲を4門、61センチ魚雷4射線と兵装を強化する計画の船であった。しかし友鶴事件を受けて、備砲は45口径十一年式12センチ単装砲が3門となった。雷装は53センチ三連装魚雷発射管となり、魚雷も六年式から潜水艦用に開発された八九式魚雷を転用したものとなった。また機銃は千鳥型と同じ単装ながら13ミリから40ミリとなった。

鴻型で重要なのは、ボイラーの出力が強化されて、中圧タービンが追加されたことだろう。また燃料積載量が千鳥型からほぼ倍増の245トンになったことで、性能改善前の千鳥型が14ノットで3000海里の航続距離であったのに対して、4000海里まで増加している。鴻型は当初16隻の建造が計画されていたが、海軍軍縮条約を更新しない方針が決まり、無条約時代が確実になったので、8隻で打ち切りとなった。

日中戦争で活躍した水雷艇

友鶴事件によって激変し、建造計画が大幅に変更された水雷艇だが、極めて有用な艦艇であった。実戦を前にした水雷艇の部隊編制は次のようになっている。

昭和9年1月31日、佐世保にて「千鳥」「真鶴」の2隻で第二一水雷隊が編成された。2月24日に「友鶴」が加えられた直後に友鶴事件が発生したのは、既述の通りである。そして昭和11（1936）年10月10日に鴻型水雷艇のネームシップ「鴻」が竣工すると、12月1日には単艦で第一水雷隊が編成され、随時、新造艦が加えられた。

昭和12（1937）年7月7日の盧溝橋事件から日中全面戦争へと事態が拡大すると、水雷艇にも出動がかかる。第一水雷隊と第二一水雷隊は支那方面艦隊第三艦隊の隷下となって中国に進出。7月13日には鴻型の「雉」

「鷺」で第一一水雷隊が編成され、順次「鳩」と「雁」が加えられると、こちらも秋には中国に派遣された。

日中戦争における水雷艇の役割は、主に揚子江周辺での陸軍の作戦支援や輸送船の護衛であった。吃水が浅い水雷艇は、不案内な河川での作戦に重宝したのである。水雷隊は南京攻略や揚子江の掃海作戦、沿岸交通の遮断作戦に投入された。

1937年9月、上海・黄浦江で撮影された鴻型4番艦「鵲」。まさに第二次上海事変から日中の全面戦争へと移行していく時期である

水雷隊のハイライトは昭和13（1938）年6月に始まる揚子江遡江作戦である。当初、大本営は中支方面では戦線不拡大方針であった。しかし昭和13年春には方針転換となって、揚子江中流域の漢口（現在の武漢）までの進出を図る。この揚子江遡江作戦に水雷隊がすべて投入されたのである。

6月に始まった遡江作戦では各地に敷設された機雷や沿岸に設けられた陣地隊に苦戦させられるが、水雷艇は機雷の掃海や哨戒任務に常時投入されて活躍し、ついに日本軍は10月下旬までに漢口攻略に成功した。

このように成功に終わった遡江作戦であるが、海軍としてはかなり場当たり的な戦いとなった。というのも、日本海軍には揚子江を遡上して戦う目的の装備も部隊もないので、直面した状況に合わせて新戦術や編成を試しながら前進するしかなかったからだ。それも、半年もかけて未知の敵地にかき分けていくという、海軍にとって前例のない戦いである。その先頭に常に

昭和20年3月、船団護衛中に米艦載機の攻撃を受け、沈没寸前の千鳥型2番艦「友鶴」。本艦の転覆は、その後の日本海軍の建艦に大きな影響を与えた

立っていたのは、新造の水雷艇であった。

重要拠点の漢口を失った中国国民党を率いる蒋介石は、さらに上流の重慶に退き、日中戦争は新たな局面に入った。表面的には日本有利の形勢になったが、逆にこの戦局がアメリカを刺激して太平洋戦争を招く結果となる。

太平洋戦争が始まると、水雷隊も支援に充てられ、第二一水雷隊は南方攻略支援に加えられた。そして戦争を通じて千鳥型、鴻型水雷艇は手薄になった船団護衛用の貴重な戦力として、休む間もなく内地と南方の間を行き来する。トップヘビー解消のため大幅に兵装を削減した両タイプの水雷艇であったが、対潜装備の爆雷を残していたことから、米潜水艦の跋扈になす術がなかった戦争中期以降の船団護衛で、大いに活躍したのである。結果論ではあるが、千鳥型が設計で躓かずに計画通り20隻建造され、後継の鴻型も予定数の16隻が建造されていれば、史実よりは商船団の運行はましなものになっていただろう。

もっとも昭和19（1944）年になると水雷艇隊にも被害が続出し、終戦時に生き残っていたのは千鳥型の「初雁」と鴻型の「雉」のみであった。激戦といわれた揚子江遡江作戦でさえ、水雷隊は1隻も喪失していないのと比較すると、太平洋戦争が次元の異なる戦いであったことを思い知らされる。日本海軍史においてあまり語られない水雷艇であるが、連合艦隊の最前線に勝るとも劣らない苦闘の日々を送っていたのである。

第十章

海軍の変質を反映した「海防艦」

対アメリカ戦争を決断した日本海軍は、海上交通路を守るために充分な艦艇を保有していないという現実と向き合わねばならなかった。急遽、北洋漁業保護用に建造していた海防艦に望みを託すこととなったが、それは海軍を作り直すのに等しい作業となっていった。

北洋の護りを期待された海防艦

明治維新とともにほぼゼロの状態から発足した日本海軍であるが、日清戦争に勝利するとその巨額な賠償金で艦隊の近代化が一気に進む。そこで一旦、保有艦艇の整理と類別を明確にする必要から、明治31（1898）年に所有艦艇の分類標準が作成された。

その中で、第一線の任務には堪えない、艦齢20年を超えるような装甲艦や装甲巡洋艦などが、新艦種となる「海防艦」に分類された。これは沿岸防備を目的とする艦で、以降、老朽化して除籍された艦などが海防艦に類別変更され、主に守備的な任務に就いた。またこれらの船は、練習艦として使用され、水兵の訓練、育成の一部を肩代わりする役割も担っていた。意外かもしれないが、神奈川県横須賀市に残る記念艦「三笠」も、大正10（1921）年9月からごく短期間であるが、海防艦に類別変更されている。

この海防艦の役割は、昭和5（1930）年のロンドン海軍軍縮条約締結で変化する。当時、日本にとってサケ・マス、タラバガニを対象とした北洋漁業は最重要漁業の一つであった。しかしソ連と境を接する危険な海域であるため、海軍は駆逐艦の一部を割いて漁場の警備と漁民の保護に充てていた。

ところが、条約では駆逐艦にも保有制限が課されてしまう。駆逐艦を重要な補助戦力としていた海軍は、条約に抵触しない範囲で最優秀の補助艦艇を建造して北洋警備に充てようとした。そして、この新艦種に、日本海軍は改めて「海防艦」の名を与えたのである。

もっとも新型の海防艦に4隻分の建造予算が付いたのは条約締結から7年後の昭和12（1937）年であった。この新型海防艦は、北洋漁場にある千島列島の最北端の島の名から、占守型海防艦と名付けられた。以降の新造海防艦には日本の島名が与えられることとなる。

占守型は海象の厳しさで知られる北洋漁場の警護という特性から、耐氷性を考慮して吃水線附近の外板に厚みを持たせる頑丈な構造になっていた。また船体上部や上構が結氷しても復元力が損なわれないようタンブルホーム形状となり、氷結した露天甲板上を移動せずに済むよう、上構内に前後への移動経路が設けられていた。しかし、いずれも工数の増加を招く要素ばかりであり、占守型の建造工数は9万工数（10万を超えるともあった。そのためネームシップ「占守」の起工は昭和13（1938）年11月であったが、就役は昭和15（1940）年6月と、排水量のわりには1年半以上もの時間を要している。

ロンドン海軍軍縮条約により、駆逐艦の保有制限を課された日本は、「海防艦」を建造し北洋警備に充てた。その第一陣として建造されたのが占守型である

急がれた海防艦の簡易化建造

占守型の建造以後、海防艦の更新、増勢の動きはしばらく見られなかった。しかし出師準備計画要領に沿って昭和16（1941）年11月に実施された戦時緊急艦船建造計画に、急遽、占守型海防艦30隻の建造が盛り込まれた。これは後述するように、戦争に備えて航続距離に優れた海上交通路の護衛用艦艇が必要となり、適切な艦艇が占守型しかなかったためである。

ただし、この時点では商船護衛に差し迫った要求はなく優先順位は低かった。結果、第一陣分として建造が決まったのが、平衡舵を全平面舵に改良し、艦首を直線構造にするなど、占守型をベースに設計の簡易化に務めた択捉型14隻である。しかし再設計に時間がかかるという理由で、複雑なタンブルホーム形状が残されるなど、建造工数は

7万程度までしか減らせず、生産性は重視されなかったといえる。以上の改正を経て、ネームシップの「択捉」は昭和17（1942）年2月に起工、昭和18（1943）年5月に就役し、8月までに全14隻が完成した。

この戦時緊急艦船建造計画における海防艦の建造数は30隻であり、第二陣として残されていた16隻はさらに簡易化設計となり、まず8隻が御蔵型として建造され、残り8隻が鵜来型とされた。

御蔵型は当初、択捉型と同型となる予定であった。しかし「択捉」の建造開始と同時に始まった再設計時に、軍令部の要求で搭載兵装の強化が図られたことから、改めて御蔵型となったのである。

占守型をベースに設計の簡易化を図った択捉型。しかしその狙いであった生産性はあまり向上しなかった

択捉型からさらに簡易化を図った御蔵型。一方で兵装は強化され、対空・対潜装備と掃海具を追加した

曲線構造を廃し、平板を多用することでさらなる工数の減少を図った鵜来型。船内構造も商船に準じた設計となった

主な改正点は対空・対潜装備の強化と掃海具の追加であり、船体については北洋警備用の強化部分の簡易化が実現した。また、電気溶接を多用したことで、建造工数も5万7000と、占守型の半分強に収まった。ネームシップの「御蔵」は昭和17年10月に起工、就役は1年後の昭和18年10月であった。

だが御蔵型の建造中もさらなる簡易化設計の研究が続き、ようやく舷側のタンブルホーム形状を廃止して平滑化した設計とするだけでなく、全体的にも曲線構造を廃止して平板を多用する構造となった。これが鵜来型海防艦で、商船と同一規格の鋼材を採用し、船内構造も商船に準じた設計としたのである。鵜来型は、工数が4万2000まで減少したが、建造中も工夫が重ねられて、最終的に工数は3万にまで減少している。ネームシップの「鵜来」は昭和18年10月に建造が始まり、就役は半年後の昭和19（1944）年4月であった。

急増する敵潜水艦による撃沈被害

北洋漁業保護のために建造された占守型は、通商護衛用の船ではなかったが、択捉型以降の海防艦では、日本海軍が本腰を入れて護衛艦の建造に取り組んでいるように見える。ところが「択捉」が完成したのは昭和18年3月であり、鵜来型の実質的な最終艦である「伊唐」の竣工は昭和20（1945）年4月末と、建造のスピードから切迫感は伝わってこない。

この遅れにはいくつかの要因があるが、もともと甘かった日本側の見積もりが、たまたま米軍の不運によって露見しなかったために、建造が致命的に遅れてしまったという見方ができる。短期決戦を指向していた日本海軍は、開戦後の商船損失量を年に60万総トン程度と見積もり、十分に戦時急造計画で補えると想定していた。そして、この間の米潜水艦による通商破壊の威力については、フィリピンの根拠地を潰してしまえば、補給源が遠くなる米潜水艦が、日本近海と南部資源地帯を繋ぐ海上交通路で活動するのは困難であると見積もってい

敵潜水艦による船舶の損害が急増したことを受け、生産性を徹底追及して建造された丙型。機関にディーゼルを搭載した

丙型の準同型艦で、機関をタービン搭載とした丁型。丙型、丁型から個艦の艦名もなくなり、第○号のみとなった

た。

実際には、米海軍は潜水艦による積極的な通商破壊を実施する予定であった。しかし開戦直後に、フィリピンにあった潜水艦用魚雷の倉庫が破壊されてしまい、難を逃れた魚雷も欠陥品が多かったことから、米海軍潜水艦の活動は低調となったのである。日本海軍はこの期間の米潜水艦隊の状況をその実力と評価してしまったために、その備えが後回しとなり、結果、戦争後半での敵の巻き返しに後手を踏んだのであった。

実際、米軍の魚雷の不具合は漸次改善され、早くも開戦から1年もしない昭和17年秋には、米潜の攻撃による商船の損害が激増した。同年10月から昭和18年3月までの半年間で、日本商船の損害は45万トンにも達したのである。

戦況もガダルカナル島攻防戦に敗れ、中部太平洋での敗勢が続いているなかで、海軍は天皇が親裁する戦況研究の場で、敵潜による船舶の喪失が想像以上に多く、戦争の先行きが危険であると認めるほかなかった。そして対潜戦備の充実が喫緊の課題であるとし、同年11月15日には連合艦隊と同格の海上護衛総司令部が設置されたのである。

これと並行して、昭和18年度の戦時艦艇建造補充計画では、船団護衛用海防艦については、昭和18年度中に

114隻、翌年には186隻と、合計300隻もの増勢が決まった。

このような海防艦の緊急増勢に応えて建造されたのが丙型と丁型海防艦である。これは占守型をベースとしていた鵜来型までの海防艦と異なり、生産性を徹底的に追究した新設計の艦艇であった。二種類あるのは動力の違いによる。

最初、海軍は簡易生産型の新型海防艦については航続性能に優れたディーゼルの搭載を考えていた。しかし海防艦の要求に適うディーゼルの生産能力は日本にはない。そこで民間でも十分に実績があったタービン機関を併用して、ディーゼル搭載の丙型と、タービン搭載の丁型、二種類の海防艦が建造されたのである。なお本型はエンジン以外の違いは基本的になく、命名も連番とされた。結果、丙型は奇数番なので第一号型、丁型は偶数番が与えられて第二号型とも呼ばれる。

だが丙型、丁型の建造が決まった時点では、すべての海防艦の建造をこの二種に集中するわけには行かず、択捉型、御蔵型、鵜来型も並行して建造されるという煩雑な状況が続いたのであった。

日本海軍の海上交通路護衛戦

日本海軍はワシントン海軍軍縮会議に先立ち、海上交通路防衛用軍備のあり方を「アジア大陸沿海を含む台湾海峡以北、日本までの海域の海上交通を維持するに必要な海軍力を保持する」ものと規定していた。言い方を変えれば、この範囲外での海上交通路の防衛を前提としていない。

実際、ずっと後の昭和11年度の帝国海軍作戦計画になっても、「オホーツク海、日本海、黄海、東海及び本邦太平洋沿岸」が確保すべき海上交通路の範囲であり、「支那海及び南洋群島方面の海上交通路は状況の許す限り確保する」として、認識はほとんど変わっていない。

だが、昭和16年6月に独ソ戦が勃発して、にわかに南方資源地帯の占領という選択肢が日本の前に開けてきた。その結果、中部太平洋方面への大規模な兵力展開と南方資源地帯の占領維持するために必要な、海上護衛戦への備えがまったくできていないことが問題視されたのである。

太平洋戦争において、日本海軍は輸送船団の護衛を軽視していたという批判が多い。実際には、保護すべき海上交通路として想定していた海域では駆潜艇などによる対処を研究していたが、それは短期決戦構想の枠を出なかった。だが、戦争の質が南方資源地帯の占領維持を目指すものに変化すると、守備すべき海上交通路が延び、商船隊の規模も比較にならないほど大きくなる。このような海上護衛戦では外洋航行能力が低い駆潜艇では不十分であり、代わりとなる海防艦はまったく不足している状況となったのである。遅ればせながら海上護衛総司令部が発足した時点でも、部隊には7隻しか海防艦が配備されなかったのは当然であった。

これを海上護衛戦の経験に乏しい日本海軍の歴史で擁護するのは、少し難しい。というのも、日本海軍にも海上護衛戦の経験があったからだ。第一次世界大戦において、海軍は地中海方面に第二特務艦隊を派遣し、このときの戦訓から、船団護衛については「正面が幅広の船団陣形」が防御に適し、敵潜水艦を発見後の回避要領や護衛艦艇の配置、夜間防御などのノウハウを獲得していたからだ。

とはいえ知識と実践は別物である。幅広の船団は編隊航行時の変針が難しく、無線設備が貧弱で、船団護衛の訓練をまともにやっていない日本海軍には不可能であった。結局、現実的には縦長陣形しか選択肢がなく、敵潜の攻撃による被害を増やす結果となった。

また、敵潜水艦を発見した後の戦術も不十分であった。敵潜の発見はもっぱら見張り員の目視頼みであり、潜望鏡を発見した場合、敵方向に回頭増速しながら、対潜投射盤を使い爆雷攻撃用の投下進路とタイミングを計算する。後は定められた深度に爆雷を投下するだけだが、実際、この攻撃は盲目的で戦果の確証を得るのは難しかった。爆雷の搭載数も少なかったために、敵潜を捕捉していながら攻撃を断念する護衛艦が多かったことが、米潜水艦の報告でも指摘されている。また対潜攻撃には2隻以上でかかるべきとされるも、護衛艦不足のため単独で対潜攻撃に挑み、返り討ちに遭うケースも多かった。

海防艦の苦戦を象徴する実例は多い。昭和19年3月に編成された「ヒ四八」船団は大型タンカー4隻を含む13隻からなる重要船団であり、海防艦だけで護衛部隊を組んだ最初の船団として、その真価を問う護衛任務となった。

だが、船団は出足からつまずく。シンガポールを出港した船団は、船足が遅い貨客船に合わせて8ノットで航行していたが、出港から3日後、高速貨物船「北陸丸」が雷撃によって撃沈されたとき、海防艦はいずれも敵潜の存在に気付いていなかったのだ。船団の損害は、途中故障や損傷によって引き返した輸送船を除けば「北陸丸」だけであったが、海防艦の対潜戦闘能力は期待を大きく下回り、前途に不安を抱かせるものとなった。

昭和19年8月に編成された優秀貨物船20隻からなる「ヒ七一」船団は、中継地のシンガポールから目的地のマニラに向かう際に、海防艦9隻に駆逐艦3隻、そして空母「大鷹」まで護衛に付ける厳重な態勢で臨んでいた。しかし「大鷹」が潜水艦「ラッシャー」の雷撃により沈没し、続いて高速給油艦「速吸」以下4隻が相次いで撃沈されてしまう。そして目的地のマニラ湾にさしかかるところで、なんと海防艦3隻が撃沈されてしまったのである。このとき犠牲になった4隻の輸送船にはフィリピン防衛に従事する予定の陸軍部隊が搭乗しており、一個旅団相当の兵員、機材が戦わずして失われたのであった。

レーダー技術が明暗を分けた通商破壊戦

海防艦の数が揃いはじめた昭和19年だが、この年は前年比で敵潜による船舶損害が1・8倍の250万トン

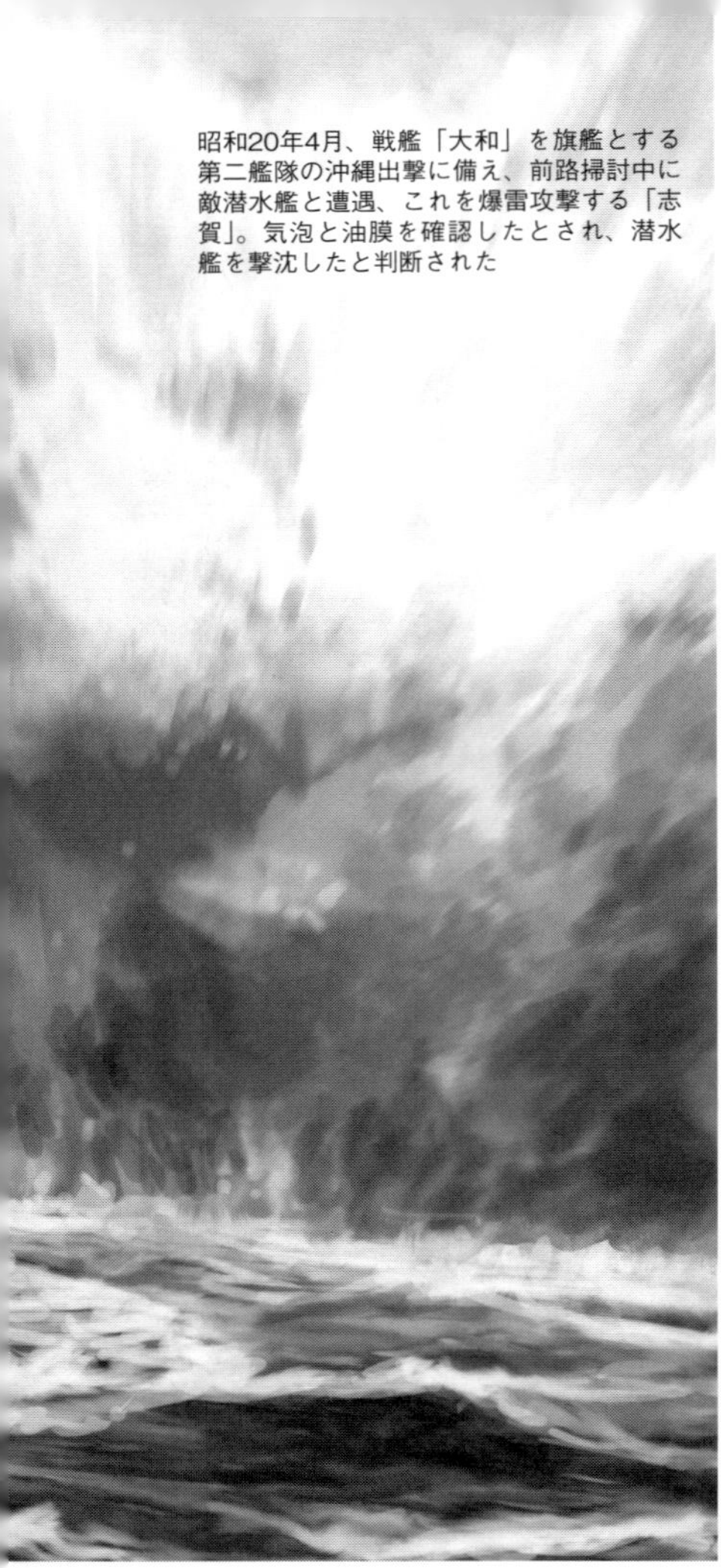

昭和20年4月、戦艦「大和」を旗艦とする第二艦隊の沖縄出撃に備え、前路掃討中に敵潜水艦と遭遇、これを爆雷攻撃する「志賀」。気泡と油膜を確認したとされ、潜水艦を撃沈したと判断された

近くまで急増している。戦前の保有商船船腹が６３０万トン、また戦時中の建造船腹累計トン数は、昭和19年末の時点で３００万トンであったので、この1年で約25パーセントを超える商船を失っていたのだ。

一方、地球の裏側の大西洋では、開戦以来猛威を振るっていたドイツ海軍のUボートの戦術がほぼ封じられ、「大西洋の戦い」は英米海軍の船団護衛が鉄壁の防御を固めて勝利しつつあった時期である。潜水艦をめぐり両海域でのあまりにも対照的な結果を導いたのは、「レーダー」を活用した戦術の差にあった。

海防艦は水上レーダーとして二式二号電波探信儀二型（二二号）を搭載し、昭和18年からは三式一号（一三号電探）も追加装備とした。また水中レーダーとしては九三式水中探信儀を備え、九三式水中聴音機で補っていたが、いずれも自己発生雑音に悩まされて低性能であった。大戦中に開発された三式水中探信儀である程度は補われたが、この時には水測機器と密接な関係を持つ爆雷兵器の改善、改良が遅れていた。この時期、連合国は艦首方向にも広い範囲で爆雷を投射できる多弾頭式の「ヘッジホッグ」を実用化していた。この兵器は船団の進路上に発見した敵潜を早期に駆逐、排除するのに有効であった。しかし日本は気休め程度の8センチ迫撃砲を備えているだけで、艦尾付近に投下する従来型の爆雷を使い続けていた。

こうした装備の差を日本の弱点と看破した米海軍は、昭

和18年になると潜水艦による夜間水上雷撃に攻撃方法を変更した。レーダーで日本の船団をとらえた潜水艦は、高速航行可能な水上航行で先回りして、潜航せずに雷撃するのである。攻撃成功を認めた潜水艦は、そのまま高速で離脱する。米潜水艦はわざわざ見張りの「目」が光っている昼間の船団攻撃は避けて、レーダー性能で優位となる夜間雷撃にシフトしたのである。

これは戦前の日本海軍にはまったく想定されていない攻撃戦術であった。十八番の夜戦を敵潜水艦隊に横取りされた形であるが、海軍は、このような米海軍の戦術変更の実

平成に至るまで、旧海軍艦艇で唯一その艦影をとどめていた旧鵜来型21番艦「志賀」。戦後海保の巡視船「こじま」となり、千葉市海洋公民館となっていたが、1998年に解体された

態を、昭和19年までつかめていなかったのである。

そして同年10月のレイテ海戦に敗れ、フィリピン陥落が確実になると、南方との海上交通路は事実上消滅し、海防艦の存在意義は失われた。海防艦の建造計画も昭和20年になると暫時縮小し、その作戦範囲は日本近海や沿岸部、日本海での物資輸送の護衛に限定されたのである。

日本海軍の変質を象徴した海防艦

昭和20年4月に戦艦「大和」以下第二艦隊を沖縄水上特攻に送り出したことで、海軍は大型主力艦のことごくを失った。そしてこの時期には、戦争中盤からの大増勢の効果で、海防艦のみ99隻という一大戦力が残っていた。短期決戦主義で正面装備の充実に力を入れていた海軍であるが、戦争中の海上交通路の崩壊に直面して、海上護衛という海洋国家の海軍の役割を痛感し、海上護衛海軍へと脱皮する最中に、その歴史に幕を下ろしたと言えるだろう。

生き残った海防艦の多くは、復員業務に従事した後、多くが賠償艦として戦勝国に引き渡された。そして「志賀」をはじめ5隻のみが「おじか型巡視艇」として海上保安庁で再就役した。

海上自衛隊では、その前身の警備隊時代に国産建造した「あけぼの」や準同形艦のいかづち型に、海防艦の設計及び運用面でのコンセプトが継承されている。また鵜来型以降の海防艦建造で確立されたブロック工法や電気溶接により確立された造船技術は、戦後日本の造船業界を牽引する技術の核となっていった。

海防艦は戦局悪化を食い止める力とはならなかったが、戦後の日本社会に大きな影響を残したのであった。

第十一章

日米で明暗を分けた理由「特設航空母艦」

太平洋戦争が不可避となると、多数の民間船が軍に徴用されて特設艦艇となった。その中には空母も存在する。本来補助的な役割が中心で、正規の軍艦に置き換わるような船ではないが、特設航空母艦の一部は正規空母に劣らぬ活躍を見せている。日本海軍が生み出した商船改造空母とは、いかなる船であったのだろう。

戦時に備えたさまざまな特設艦艇

日本海軍の記録には頻繁に「特設艦艇」という用語があらわれる。これは有事に海軍が艦艇の不足を補い、軍事転用するために民間から徴用した船の総称である。つまり、元は商船や漁船であったものが、海軍の艦船として使われていることを示す用語なのである。

戦時に膨大な数と量が必要になる海軍艦艇を、平時からすべて備えるのは不可能なので、有事に際して特設艦艇の運用を前提とするのは、国の大小を問わず海軍の常識となっている。

日本でも、日清戦争において日本郵船から徴用した「西京丸」が巡洋艦代用という名目で各種速射砲を搭載し、連合艦隊の付属艦艇となって黄海海戦にも参加している。また日露戦争でバルチック艦隊をいち早く捕捉して、彼らが日本海経由でウラジオストックを目指しているのを通報した「信濃丸」も、貨客船を徴用した特設巡洋艦であった。特設艦艇が海軍の作戦において重要な役割の一端を担っているのが分かるだろう。

特設艦艇の役割は多種多様であるが、大半は既存の各種海軍艦艇の代役を担うものである。次ページの表は日本海軍艦艇の区分、分類であるが、特設艦艇は実際にこれらの大半を代役している。ただし特設戦艦や、特設潜水艦という船は平時の用途がないので、概念の上では可能であっても存在しない。また速度性能が重視される駆逐艦も特設艦艇では代用できない。

なお、特務艦艇と特設艦艇は名称が似ているので、少しややこしい。特務艦艇は海軍艦艇の区分の一つで、戦闘任務以外の「特殊な任務を帯びた船」を意味している。これらの任務は民間徴用船と馴染みがよく、多数の特設特務艦艇が使用されていることもあって、混乱を後押ししている。

軍艦の肩代わりとなる以上、元が民間船舶であっても任務や運用にも所属海軍の個性や特徴が強く出てくる。

日本海軍で太平洋戦争中に就役した特設艦艇の中でも、特にそれが明瞭なのが特設航空母艦なのである。

特設航空母艦の制度的背景

太平洋戦争で、日本海軍は7隻の客船を特設航空母艦に改造して運用している。誤解を恐れずに言うなら、空母は搭載機用の格納庫と飛行甲板、その両方をつなぐ大型エレベーターを設けていれば、最低限の役割を果たせる。つまり大型客船や輸送船は、比較的容易に空母の形に改造可能ということになるだろう。

ところが、実際の空母の飛行甲板では離着艦時に滑走距離が足りないので、船自体も風上に向かって全力航行して合成風力を生み出す必要があった。また、空母は黎明期から巡洋艦と多くの任務が重複すると見なされたので、高速性能が要求されている。

したがって民間船舶を空母に改造して使うには、かなりハードルが高いことが分かる。なぜなら商船は経済性を優先して設計されており、空母転用で必須条件として求められる高速性能は、高コストな機関配置が必須なので、先の経済性と馴染まないからだ。いくら高性能でも、平時にコスト競争で不利な商船を運用するのは、民間企業としてはあり得ない判断である。

だが、昭和5（1930）年に締結されたロンドン海軍軍縮条約において、1万トン以下の小型空母も制限対象に組み込まれたことで状況が変わる。海軍は有事に迅速に戦力を整備しなければならない要から、特設空母の候補を確保するために、逓信省を通じて民間における24ノット超の優秀船舶保有の可能性

日本海軍艦艇の区分と分類

軍艦	戦艦、巡洋艦、航空母艦、水上機母艦、潜水母艦、敷設艦、砲艦、海防艦（旧式巡洋艦）、練習船艦、練習巡洋艦
その他の艦艇	駆逐艦、潜水艦、水雷艇、掃海艇、敷設艇、海防艦、駆潜艇
特務艦艇	工作艦、給油艦、給炭艦、給水艦、給糧艦、測量艦、標的艦、運送艦

を打診した。しかし相談を受けた日本郵船、大阪商船など海運大手は、非現実的として取り合わなかった。こうした状況を受けて、海軍は昭和12（1937）年に「優秀船舶建造助成施設」を策定した。これは海軍が建造費などを助成する代わりに、第一種船（客船）と第二種船（貨物船／タンカー）について、それぞれ6000総トン以上、19ノット以上の船を15万総トンずつ建造するという四ヵ年計画であった。

さらに昭和13（1938）年には「大型優秀船舶建造助成施設」を実施して、2万6000総トン以上、24ノット以上の豪華客船2隻の保有が日本郵船に要請された。中型の正規空母に匹敵する艦容であるが、昭和15（1940）年開催予定の東京オリンピック（第二次世界大戦の勃発により中止）に合わせたサンフランシスコ航路用の貨客船という名目であった。これが「橿原丸」と「出雲丸」で、昭和14（1939）年の3月と11月にそれぞれ起工された。

そして戦争が不可避になると、これらの優秀船舶をベースに商船改造空母が建造されたのである。

豪華客船から隼鷹型航空母艦へ

以上のような経緯で日本海軍における特設航空母艦となる各種商船が建造されたわけだが、事態の進展は予想以上に早かった。昭和15年6月、アメリカは艦隊増勢案の「ヴィンソン計画（第三次）」を成立させて、航空母艦3隻の建造に目処を付けたからだ。

無条約時代に突入する日本海軍は、隻数で対等であることを対米空母戦略の基本としていたので、同年10月には「橿原丸」と「出雲丸」、そして「春日丸」の3隻を特設空母に指定して拮抗を図った。これらの船はいずれも建造中であったため、貨客船として完成させず、空母として建造されることとなった。本来、特設艦艇は徴用船なので、戦争が終わったら所有者に返却され、元の形に戻される。しかし「橿原丸」と「出雲丸」は昭和16（1941）年2月に海軍が買収して軍籍に加えたため、民間には戻らない幻の豪華客船となったのである。

この2隻が隼鷹型航空母艦となるわけだが、客船としての完成形を見ずに空母となったとはいえ、客船としての多くの構造を残す、かなり特殊な軍艦となった。

隼鷹型空母はともに基準排水量2万4140トンで、正規空母の「飛龍」「蒼龍」に匹敵する、堂々とした艦容であった。とても特設航空母艦とは思えないほど徹底した改造が施され、わずかに艦首と艦尾の船型に客船の名残がみられるばかりであった。

客船ベースの船体は幅広で、飛行甲板も大きくとれる。格納庫は二段式で前後二基のエレベーターが据えられた。格納庫の面積は「飛龍」の9割程度であり、建造当初の搭載機は48機とされていた。もっとも格納庫の両側に乗員の居住スペースを設けたため、大戦後半に搭載機の性能が向上して大型化すると、この格納庫の発展余地の少なさが搭載機数を著しく減らす原因となっている。

飛行甲板は、貨客船計画時のプロムナード・デッキ（一等公室甲板）の高さに作られ、中央やや前方の右舷側に艦橋が設けられた。他の正規空母は格納庫の床かその下層の中甲板が船体の強度を受け持つ強度甲板になっている。しかし隼鷹型の場合はそうした強度甲板がないので、飛行甲板が強度甲板に代用された。従って、後から着艦制御装置やデッキライトを追加する際に、甲板に穴を開けるのが難しかったといわれている。

「隼鷹」は豪華客船「橿原丸」となるはずが、建造途中で空母に改造されて就役した。特設航空母艦としては唯一戦争を戦い抜いたが、その後半生は出自ゆえの限界によって活躍の場を失った

主機主缶は最初から空母改造に特化した商船として建造されていただけあり、蒸気温度が摂氏420度という、海軍艦艇でも最高のボイラーを使用していた。これは貨客船として就航した場合の経済効率性を高めると同時に、次世代艦艇用の基幹技術の先取りを狙っていた。その結果、最大出力5万6600hp、25・5ノットという、商船改造空母では最高の速度性能を発揮したが、反面、デリケートな操作が必要であり、故障も多かったという。

続々と就役する客船改造の「鷹」

橿原丸級の改造に続いて、空母の改造対象となったのが、「優秀船舶建造助成施設」で建造された欧州航路貨客船である新田丸級の3隻と、大阪商船の南米航路客船、あるぜんちな丸級2隻である。

新田丸級のうち、最初に改造に着手されたのは、三番船として三菱重工長崎造船所で建造中であった「春日丸」で、昭和15年11月、橿原丸級の改造が決まったのと同じタイミングで、改造工事が始まり、翌年9月に完了した。当初は「春日丸」であったが、開戦後の昭和17（1942）年8月に、空母に類別変更を受けて「大鷹」と命名されている。

また「春日丸」に続き、姉妹船「新田丸」と「八幡丸」も順次空母に改装されて、名前を「冲鷹《ちゅうよう》」「雲鷹」に変更されている。後に大鷹型空母と総称されるこの3隻は、隼鷹型より小型の船体ながら、外観は空母のそれとなった。しかし、主機主缶は貨客船時代のツェリー式高低圧タービンのままで、しかも排水量も3000トン近く増加して2万トンに達したため、速力は21ノットに低下している。

大鷹型空母の飛行甲板は170メートルしかなかったが、これでも改造計画が発足した1930年代後半の主力艦上機の運用ならば問題はなかった。それでも、あらゆる点で隼鷹型に見劣りしているのは否めない。

特設航空母艦に改造される予定で徴用された「あるぜんちな丸」と姉妹艦の「ぶらじる丸」は、戦局が優勢に推移していたこともあり、開戦後は特設輸送艦として扱われていた。ところが昭和17年6月にミッドウェー海戦で大敗すると、急遽、これらの商船を空母に改造することが決まった。だが、運悪く「ぶらじる丸」が航海中に敵潜水艦に撃沈されてしまい、改造は「あるぜんちな丸」だけとなった。これが「海鷹」である。

「あるぜんちな丸」はディーゼル推進で、速力は21ノットであるが、空母改造によりさらに速力低下は不可避となる。そこで改造時に艦本式タービンに換装され、出力は5万2000馬力に強化されて、最高速力は23ノットに上昇した。しかし船体が大鷹型より小型であるため、飛行甲板は160メートルしかなく、なんともちぐはぐな船となってしまった。

そして戦没した「ぶらじる丸」に代わり、ドイツ商船「シャルンホルスト」が空母に改造されることとなった。第二次大戦の勃発で帰国できず、日本が買い取った船で、これが「神鷹」として就役したのである。

排水量1万8200トン、全長は199メートル、速力23ノットの本船は、外見的には大鷹型より空母改造に適しているように見える。しかし昭和10（1935）年に就役した「シャルンホルスト」は、ドイツ造船界の技術の粋を集めて作られた豪華客船

新田丸級は同型船3隻が建造されたが、三番船「春日丸」は客船として就役することなく、建造途中から空母「大鷹」へと改造された。大鷹型の1番艦となり、客船時代と違いネームシップとなった

「新田丸」は昭和15年3月に客船として就役し、開戦後は海軍に徴雇され兵員輸送に就いた。空母へとしての就役は同型船で最後だったが、戦没したのは昭和18年で一番早かった

であり、日本の技術水準を超えていた。特に高温高圧のワグナー缶と、ターボエレクトリック推進機関は、日本海軍で育成する機関兵の手に負える代物ではなかった。結果、空母として完成後に艦本式ボイラーに換装されたが、それでも運航時の機関兵の負担は、他の艦とは比較にならなかったといわれる。

力不足を露呈した運用実績

昭和19（1944）年7月に再就役した「神鷹」が、最後の日本海軍の商船改造空母となるわけだが、結論から言うと、隼鷹型2隻を除く、大鷹型以降の5隻は失敗作であった。太平洋戦争勃発時の主力艦上機群を運用するには力不足に過ぎたのが原因であった。

ドイツ客船「シャルンホルスト」から改造された「神鷹」。昭和18年の竣工後は船団護衛任務に従事したが、昭和19年、潜水艦の雷撃により撃沈されている

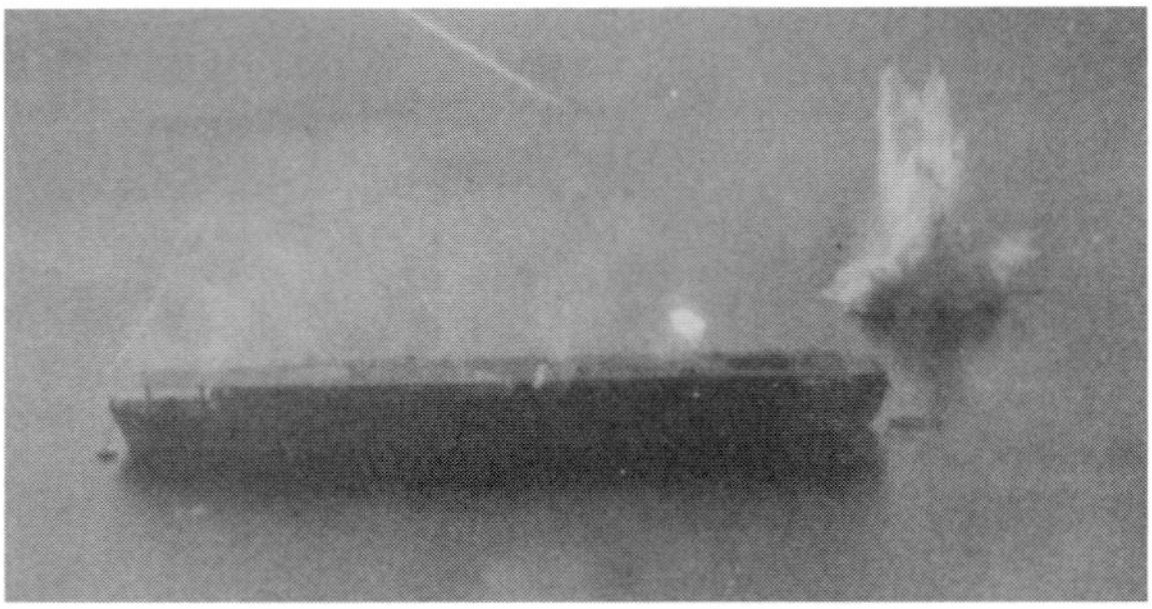

昭和20年3月、呉で米空母「エセックス」艦載機の攻撃を受ける「海鷹」。この時損傷した本艦は入渠修理を行ったが、7月には機雷に触雷し着底、さらに空襲によって被弾、放棄された

結局、ミッドウェー海戦の後であっても大鷹型の空母運用は不可能と判断されて、輸送任務専用艦となった。そして昭和18（1943）年9月から翌年1月にかけて、大鷹型3隻はすべて潜水艦の攻撃で失われてしまう。まず雷撃により「冲鷹」が沈没。残り2隻は昭和18年11月に新編された海上護衛総隊に移されて、護衛空母として運用された。しかし昭和19年夏の船団護衛中に、相次いで撃沈されている。

「神鷹」は昭和19年11月に「ヒ八一」船団の護衛任務中に、敵潜の夜間攻撃で撃沈されてしまう。そして護衛する船団もなくなった状況下の昭和20（1945）年5月、日本海軍唯一の稼働空母となった「海鷹」は、神風特別攻撃の標的艦に指定された後、7月24日に機雷によって大破着底したのであった。

名実ともに空母となった隼鷹型の活躍

大鷹型3隻と「海鷹」「神鷹」の5隻が空母としての働きができなかったのと対照的に、隼鷹型空母2隻は目覚ましい働きをしている。昭和17年5月3日に第四航空戦隊に編入された「隼鷹」は、ミッドウェー作戦に連動したアリューシャン攻略作戦に投入されて、就役から一ヵ月でダッチハーバー空襲を実施するという速成を見せた。

そしてミッドウェーの大敗後、翔鶴型の2隻しか戦闘力を期待できる空母がいなくなってしまった状況で、海軍は7月14日に「隼鷹」を特設航空母艦から軍艦籍に編入し、名実ともに正規空母の扱いを受けることとなったのである。7月31日には「出雲丸」から改造された「飛鷹」も就役。この2隻をもって第二航空戦隊が再建されている。

両艦は10月にソロモン諸島方面に進出すると、ガダルカナル島への航空攻撃に参加し、10月26日の南太平洋開戦では「隼鷹」の攻撃隊が敵空母「ホーネット」にとどめを刺す働きをした。ミッドウェー後の機動部隊の戦いを支えた功労艦と評される所以である。

続く昭和18年は機動部隊の再建期となったため、隼鷹型の2隻も空母としての働きはなかったが、この期間に隼鷹型にとって事態は暗転した。翔鶴型2隻と新鋭空母「大鳳」で編成された第一航空戦隊の攻撃隊は、艦上爆撃機「彗星」や同攻撃機「天山」などの新型機で刷新されていたが、隼鷹型の能力ではこれらを十分に運用できなかったのである。

その結果として、昭和19年6月の「あ号作戦」――マリアナ沖海戦において、隼鷹型の2隻の航空隊は索敵や爆撃部隊の誘導任務という、中途半端な役回りにとどめられてしまった。しかもこの海戦で三度の攻撃隊を発進させたものの、敵発見に貢献できず、逆に敵機群に待ち伏せされて攻撃隊は壊滅。「飛鷹」は敵の追撃によって撃沈され、「隼鷹」も爆撃により戦闘能力を失ってしまうのである。

僚艦を失ったことで二航戦は解隊され、「隼鷹」は航空戦艦となった伊勢型2隻がいる四航戦に編入された。しかし戦況の悪化から、この戦隊への戦力拡充は見送られる。「隼鷹」は空母としての運用が断念され、フィリピン方面への輸送任務に従事。それも12月9日に雷撃で大破脱落すると、修理こそ受けたものの、第一線に復帰しないまま終戦を迎えている。「隼鷹」は大戦を生き延びた唯一の商船改造空母であったが、度重なる戦傷で機関部のダメージが大きく、復員業務にも携わることなくスクラップ処分となったのである。

商船改造空母の明暗を分けたもの

このように、日本の商船改造空母は隼鷹型2隻と、大鷹型以降の5隻で、戦歴も評価も正反対となった。もともと本格的空母とすることを前提にしていた橿原丸級が例外であったのは事実である。しかしアメリカ海軍では大鷹型より小型で低速の商船改造空母

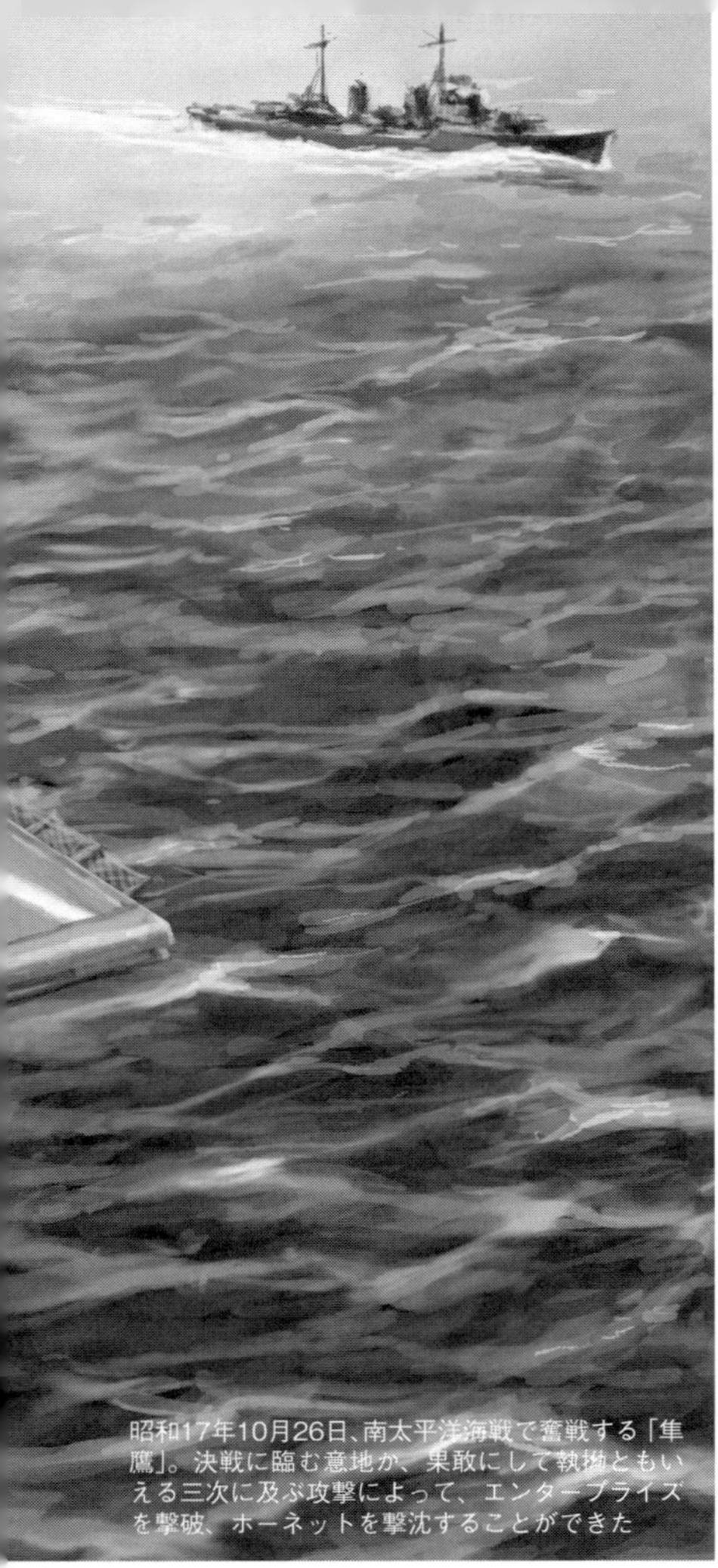

昭和17年10月26日、南太平洋海戦で奮戦する「隼鷹」。決戦に臨む意地か、果敢にして執拗ともいえる三次に及ぶ攻撃によって、エンタープライズを撃破、ホーネットを撃沈することができた

が多数建造され、大活躍している。

特設艦艇はアメリカでも盛んに運用されていた。日本が「優秀船舶建造助成施設」を策定したのと同じように、アメリカは1936年に「商船法」を制定する。これは客船、貨客船、貨物船、油槽船などをそれぞれ規格化された設計仕様に統一した上で、「この規格で建造された商船は、戦時に海軍の補助艦艇として運用される」という取り決めである。そして、この規格に従って建造されたC3級貨物船を改造したのが空母「ロングアイランド」であり、この実績からボーグ級、カサブランカ級へと発展していく（大型のサンガモン級、コメンスメント・ベイ級にも派生しているが、趣旨から外れるのでここでは触れない）。

これらは商船改造空母とカテゴライズされるが、実際はボーグ級に改装している時点で既存貨物船が払底したため、カサブランカ級は最初から空母として建造されている。具体的にはＣ３級貨物船の図面を流用して新たに空母として設計し直された船であり、最初から空母として建造されているので、商船改造というのとは少し違う。裏を返せば、本来は応急的な特設空母であるはずが、戦局にフィットしたことから増勢された正規の空母なのだ。カサブランカ級だけでも50隻も建造されているのが、その証拠である。

戦後撮影された「隼鷹」。飛行甲板は広く、正規空母にも匹敵するものがあったが、度重なる損傷により、終戦後の復員船として長期の外洋航海に耐えられないほど傷ついていた

だが、カサブランカ級は全長１５６メートル、排水量は満載で１万１０００トン余り、速力は19ノットであり、防御構造もゼロに等しい。それでありながら活躍できたのは、蒸気カタパルトのおかげであった。アメリカ海軍は大戦後半の主力艦載機の重量に耐えるカタパルトの開発に成功していたため、これら小型の護衛空母でも、常に戦力として計算できる状態にあったのだ。

空母としての船体の完成度で比較するなら、隼鷹型はいうに及ばず、大鷹型以下の5隻は、これらアメリカの商船改造空母に決して後れを取らず、上回っている部分さえある。しかしただ一点、飛行甲板から艦載機を発艦させるという、空母としてのもっとも基本的な能力の有無が、両国の商船改造空母の明暗を分けたのであった。

第十二章

新兵器の隠れ蓑となった「水上機母艦」

海軍航空の黎明期に同時に登場した水上機母艦。
全通甲板を持つ本格的な空母登場までのつなぎという役割と、
水上機の運用に特化した移動基地として
独特の存在感を見せた水上機母艦に、
日本海軍は世界で類を見ない役割を期待して整備に邁進した。
その結果、極めてユニークな日本海軍の水上機母艦の実態と戦歴を追う。

航空黎明期に誕生した水上機母艦の有用性

海軍における航空黎明期は、水上機の実用化で始まった。最初、水上機は海沿いの基地で運用されていたが、間もなく水上機が必要とする支援を洋上で供給するための艦船の開発がはじまった。これが実現すれば、水上機運用の選択肢が一気に増える。

この動きは第一次世界大戦のイギリス海軍で盛んになったが、日本海軍も着想は早く、貨物船「若宮丸」と「高崎丸」を水上機母艦任務に充てている。この「若宮丸」が、大正２（１９１３）年秋の演習でファルマン水上機を搭載、運用して有用性が証明されると、水上機支援用の設備を追加した上で、第一次世界大戦では青島攻略戦に参加。水上機部隊の前進基地、すなわち水上機母艦として作戦に貢献した。これは世界に先駆けての艦艇による航空作戦としても有名だ。

この時の「若宮丸」の運用は、ファルマン水上機とその搭乗員、整備員、そして補給品などを青島攻略の前進拠点に輸送して、基地を設営するというものであり、「若宮丸」の傍らから補給を受けた水上機が出撃するというのは例外的な運用であった。

水上機母艦の性質は、英語の名称であるSea plane Tenderによく表現されている。Tenderとは「世話人、看護人」という原意が転じて、軍艦では「補給艦」という意味になる。艦隊に随伴して最前線で戦うよりも、後方支援の性格が強いことが窺える。

大正９（１９２０）年に起工された「鳳翔」に合わせて航空母艦が軍艦の一種に定められると、大戦中に二等海防艦として軍艦籍に入っていた「若宮丸」は、「若宮」に改名して航空母艦に類別される。航空黎明期の日本海軍には水上機母艦と空母の区別はなく、水上機母艦が軍艦種として類別されたのは昭和９（１９３４）

年であった。だが、本稿では煩雑を避けるため、用途に注目して水上機母艦として説明する。

なお、同じく水上機母艦として運用された「高崎丸」は、大正13（1924）年まで母艦任務に使われていたが、陸軍に移管されると揚陸訓練などに使用され、太平洋戦争末期には水上特攻艇の標的となって生涯を終えた。

貨物船「若宮丸」から改名された「航空母艦『若宮』」。といっても外観は完全な貨物船である

日中戦争で活躍した特設水上機母艦

「若宮」に続いて水上機母艦となったのが「能登呂」と「神威」の2隻の給油艦である。

「能登呂」は大正13年に水上偵察機の母艦と給油艦を兼務していた船であったが、先に説明した昭和9年の類別変更で、水上機母艦として軍艦籍に加えられた。

水上機母艦が軍艦種として制式化された時期には、すでに空母「赤城」「加賀」の2隻が完成しているだけでなく、新鋭艦の「龍驤」も前年に就役し、「蒼龍」が起工を控えるなど、空母部隊とその航空隊の充実がかなり進んでいた。しかし一方で、水上機母艦の重要性も増していたのは、水偵の性能向上に伴い、偵察ばかりでなく、一定の攻撃能力も期待できるようになったからだ。

別の条件も水上機母艦を後押しした。日本は赤道以北の中部太平洋の島嶼部を、南洋委任統治領としていた。この地域の軍事基地化は禁止されていたが、対米戦となった場合、この地に素早く進出して水上機部隊を展開できる水上機母艦は、漸減邀撃構想における尖兵になりうると期待されたのである。

水上機母艦と給油艦を兼務していたが、「航空母艦」となった「能登呂」。満洲事変で活躍し、海軍に水上機母艦の可能性を示した

そのような背景から、ワシントン軍縮条約時代には水上機母艦の本格的な整備が検討されていたが、実際には形にならなかった。その理由は航空機の急速な進歩にあった。航空母艦は大型化と高速化、そして全通飛行甲板の採用によって、日進月歩の航空機の発達に応じていた。しかし水上機については、どのような母艦が必要か方針が定まらなかったのである。

軍縮条約で排水量1万トン以上の空母は、国別保有総トン（日本は8万1000トン）の制限対象となり、補助艦艇は20ノットを超えてはならないとされた。加えて、航空機を3機以上搭載する場合は、カタパルトの搭載を禁じるという条件が、水上機母艦開発の歯止めとなっていた。そもそも日本海軍は、空母の建造や改修で手一杯なので、水上機母艦に割く資源と労力がない状況でもあった。

ところが満洲事変が勃発すると状況が変わる。華北警備艦として出撃した「能登呂」は、昭和7（1932）年の第一次上海事変には第一艦隊に属して呉淞沖に展開し、陸上支援に不可欠な航空戦力を提供したのである。

「能登呂」の活躍に刺激された海軍は、水上機母艦の増勢を決めると、運送艦「神威」に白羽の矢を立てて、昭和8（1933）年から水上機母艦に改造した。改造内容は「能登呂」に準じていたが、一回り大きな船であったため、搭載機数は常用補用とも「能登呂」より2機ずつ多い各6機であった。この2隻は、日中戦争でも期待通りの働きを見せた。

日中戦争の本格化に伴い特設水上機母艦に改装された「神川丸」。太平洋戦争緒戦期には最前線に展開、航空作戦の拠点となった

水上機母艦の将来に期待した海軍は、高速大型の優秀貨物船の一部を有事に水上機母艦に充てる方針を立てた。そして、老齢船の解体を条件に、新造船の建造に海軍が補助金を出すという「船舶建造助成施設」を布告し、対象となる船のうち、7000総トン以上、速力18ノット超の高速貨物船を水上機母艦の候補としたのである。

実際、昭和12（1937）年に日中戦争が本格化すると、国際汽船の「神川丸」「衣笠丸」「香久丸」の3隻が特設水上機母艦に改造された。3週間という短期で完成したのは、船倉を補給品や機材を搭載しやすいレイアウトに改め、甲板上には飛行機用の作業甲板を設置して、あとはカタパルトとクレーンを設置すれば、母艦としての要件を満たせる単純な構造であるからだが、「若宮」以来のノウハウの蓄積も大きかったであろう。

神川丸型とも呼ばれる特設水上機母艦は、一様に日中戦争でよく働いた。「神川丸」以外の2隻は2年後に解傭されたが、昭和16（1941）年の出師準備計画に応じて、この2隻を含む、同種の高速優秀貨物船7隻が徴用され、水上機母艦に改造されている。

工期や資材の制約もあって、水上機母艦としては妥協も残る改造であったが、それでも優れた通信設備や、燃料をはじめ各種物資の補給能力も充分であった。そのため、太平洋戦争の緒戦ではこれら特設水上機母艦が最前線に展開して、移動基地の目的をよく果たした。特にソロモン諸島方面の航空作戦では、フロリダ島のツラギや、ショートランドに水上機基地が設けられ、後者は重要な作戦拠点となっている。

しかし特設水上機母艦が期待された役割を果たしたのは太平洋戦争の序盤に限られていた。第一段作戦が終了すると、次第に持て余したため、昭和17（1942）年末から順次、運送艦に変更されたのであった。

改装を前提とした空母劣勢への対応策

ひとくちに水上機母艦と言っても、これまで説明した水上機、飛行艇のための移動基地という性格とは別に、この船には艦隊に随伴して水上機を運用するタイプもあった。昭和7年にフランス海軍で就役した「コマンダン・テスト」がこのタイプの典型である。速力は20ノットに過ぎないが、カタパルト4基を設置して艦載水上機の運用効率を高めていただけでなく、10センチ高角砲を12門、舷側装甲は50㎜を確保するなど、敵艦との交戦を想定した構造になっていた。

短期決戦重視、攻撃力偏重の日本海軍も、作戦艦隊との連係を意識した水上機母艦を建造している。それが「千歳」「千代田」「瑞穂」「日進」の4隻である。

これらの艦艇は海軍軍縮条約の副産物であった。1930年代も半ばになると、海軍作戦や艦隊戦における航空機の役割が、飛躍的に大きくなっていた。当初は空母も偵察力に優れた巡洋艦という位置づけで、艦隊の目の役割が期待されていた。しかしこの時期には、前哨戦となる空母部隊同士の戦いの結果が、続く主力艦隊同士の艦隊戦を左右しかねない可能性が高まっていたのだ。

日本は、軍縮条約の制限により空母保有量が英米に対し劣勢であった。空母と艦載攻撃機の組み合わせは、従来にない精度と攻撃力を発揮する。しかし反面、空母は防御力が低く、爆弾1発の命中で作戦能力を失いかねない。したがって空母部隊同士の戦闘は、練度や戦力が拮抗していると、相打ちで終わる可能性が高い。そうなると数で劣る日本は主力艦隊の決戦以前に敗北する可能性も強まる。
そこで日本海軍は軍縮条約に抵触しない優秀な補助艦艇を充実させて、戦時には状況に応じて短期間で空母に改造可能な予備艦艇とすべく、さまざまな艦艇を準備した。そのうち水上機母艦を隠れ蓑にして建造したのが、「千歳」をはじめとする既述の4隻なのである。

新型水上機母艦の隠された任務

「千歳」に始まる水上機母艦は、それぞれ個性を違えた、異質な艦艇群であった。例えば千歳型として総称される「千歳」「千代田」の2隻は、まず第一状態として水上機空母、第二状態としては後述する秘密兵器「甲標的」の運用母艦とする計画で建造された。またこの場合の水上機母艦には、従来の移動前進基地ではなく、戦闘機や攻撃機としての能力を持つ二座水上偵察機を主体とした、攻勢的な役割が期待されていた。その意図は、千歳型空母は基準排水量1万1000トン超と、小型空母程度の艦容ながら、速力29ノットという高速に反映されている。

だが千歳型が異例の高速性能を与えられたのは、先の艦隊型水上機母艦という役割以上に、第二形態である甲標的母艦として必要な性能であったからだ。

甲標的とは、世界に類を見ない艦隊決戦用の小型潜水艦――〈特殊潜航艇〉であった。ロンドン軍縮条約の締結直後に開発された兵器で、全長約24メートル、潜航時の排水量46トン、水中速力は19ノット（浮航時は23ノット）で、乗員は2名、45センチ魚雷2本を搭載していた。

海軍は、艦隊主力の決戦に先立ち、要所となる海域にあらかじめこの甲標的を配置する構想を練っていた。甲標的の伏撃で敵主力を漸減して、決戦を有利に進める狙いである。ただし航続距離がほとんどない甲標的を

本格的な水上機母艦として建造された「千歳」。実際には甲標的母艦として計画されたが実現せず、結局全通甲板の空母へと改装された

千歳型2番艦「千代田」。計画通り甲標的母艦へと改装されたが、甲標的の運用には難問が続出し、やはり空母へと改装された

千歳型の準同型艦ながら、純粋な水上機母艦として建造された「瑞穂」。開戦半年後に撃沈され、日本海軍の軍艦喪失第一号となった

あらかじめ配置するために、高速の母艦が必要とされた。それが千歳型水上機母艦であったというわけだ。

甲標的は対米戦争の切り札と目されていたため、最重要機密であった。したがって千歳型が水上機母艦と公表されていたのはあくまで海外向けの欺瞞であり、設計当初から第二状態の甲標的母艦を志向していたのである。ところが千歳型の起工直前に起こった友鶴事件で建造が遅延してしまう。結果、甲標的母艦に改造されたのは「千代田」だけであった。

「千代田」による甲標的の運用試験は昭和15（1940）年夏に実施された。「千代田」は船体内に12隻の甲標的を格納し、20ノット以上で航行しながら甲標的を発進させられた。また上甲板は水上機用の設備になっていて、12機の搭載、運用能力も持つ有力な水上機母艦でもあった。

しかしながら、演習で甲標的のさまざまな問題点が発覚する。「千代田」からの発進は計画通りであったが、潜望鏡による甲標的の索敵能力が低く、荒天時のうねりで司令塔が簡単に海面に露出してしまうので、秘匿性が低い欠陥が明らかになったのだ。さらに魚雷発射による急激な浮力バランスの変化を吸収できず、艇体が海面に浮上するという欠点も見つかってしまう。昭和15年末に甲標的は制式化されたが、想定した戦術的運用には問題が大きすぎるのは明らかであった。

千歳型以外の水上機母艦は次のような状況であった。「瑞穂」は千歳型の三番艦として計画されていたが、予算を絞られていたこともあり、甲標的母艦への改造を考慮せず、最初から純粋な水上機母艦として計画された。千歳型は甲標的搭載設備や、艦上機用の帰着甲板を設ける複雑な設計であったが、「瑞穂」にはそのような過剰な設備は設けられなかった。

また先行の2隻は海軍軍縮条約の脱退表明以前に起工されたので、速力を20ノット以下にするために、わざと主機を減らして建造しなければならなかった。しかし「瑞穂」は条約脱退後の昭和12年の起工であり、最初から22ノットを予定していたので、工事への影響は小さかった。

水上機母艦「日進」は、「千歳」「千代田」と同じく、水上機母艦と甲標的母艦を兼務する艦隊随伴艦として計画された（当初の計画では第一状態は機雷敷設艦であった）。ただし艦上機用の帰着甲板のような複雑にして用途が中途半端な構造は最初から除外し、給油艦としての能力も縮小されていた。コンセプトは千歳型とほぼ同じであるが、このような変更が最初から盛り込まれているため、同型艦なしの日進型水上機母艦とも区別されている。起工は昭和13（1938）年11月で、一年後に進水、昭和15年中には就役の見通しであったが、完成は1年以上遅れ、開戦後の昭和17年2月であった。これは他に優先して整備すべき船が多かったことに加え、甲標的の制式化に伴い、「日進」の甲標的母艦への改造が追加されたためだ。

それぞれの戦いを経て空母へ

こうして「千歳」に始まる艦隊型の水上機母艦4隻が完成したわけだが、その活躍と戦いをそれぞれ追って

みたい。

昭和13年7月25日に就役した「千歳」は、直後に中国方面に投入されて、広東攻略作戦の一環であるバイアス湾への上陸作戦を支援している。5ヵ月遅れて就役した「千代田」も日中戦争の支援に投入されたが、昭和15年夏から甲標的母艦への改装が始まった。

太平洋戦争では「千歳」は水上機母艦として、また「千代田」は甲標的母艦として、主に輸送作戦に従事していた。両艦の搭載兵器を想定した決戦は、第一段作戦のうちにはついに発生しなかった。そしてミッドウェー海戦の敗北により、空母の穴埋めのため、この2隻は空母への改造が決まった。

両艦が昭和18（１９４３）年内の工事で改造を終えられたのは、最終形態を空母としていた当初の建造コンセプトのおかげであった。空母として再就役した両艦は、第三艦隊隷下に入り、昭和19（１９４４）年6月のマリアナ沖海戦に参加。この海戦には生き残るも、10月25日、レイテ沖海戦で囮部隊としての役割を全うする中で、共に撃沈された。この時、艦隊から落伍したところを襲われた「千代田」は、艦長以下総員が戦死するという、壮烈な最期を遂げている。

昭和14（１９３８）年2月25日に就役した「瑞穂」は、北支警備の任に就くも、ディーゼル機関が不調続きで安定

水上偵察機を運用する水上機母艦「千歳」。しかし水上機母艦は世を忍ぶ仮の姿であり、当初から秘密兵器である甲標的母艦への改装が予定されていた

せず、早くも翌年夏にエンジン修理のためにドック入りするような有様であった。開戦後は「千歳」とともに蘭印攻略戦の支援にあたったが、3月下旬に横須賀で機関の再調整に入る。そして修理が完了した5月1日に瀬戸内海へ向かうが、その途中を潜水艦「ドラム」に伏撃されて、2日に沈没した。開戦以来初の軍艦の沈没という不本意な記録とともに、早々に失われたのである。

「日進」は就役時に第一段作戦が進行中であったが、潜水部隊司令部の旗艦として南方に進出し、昭和17年4月から6月にかけてのインド洋侵

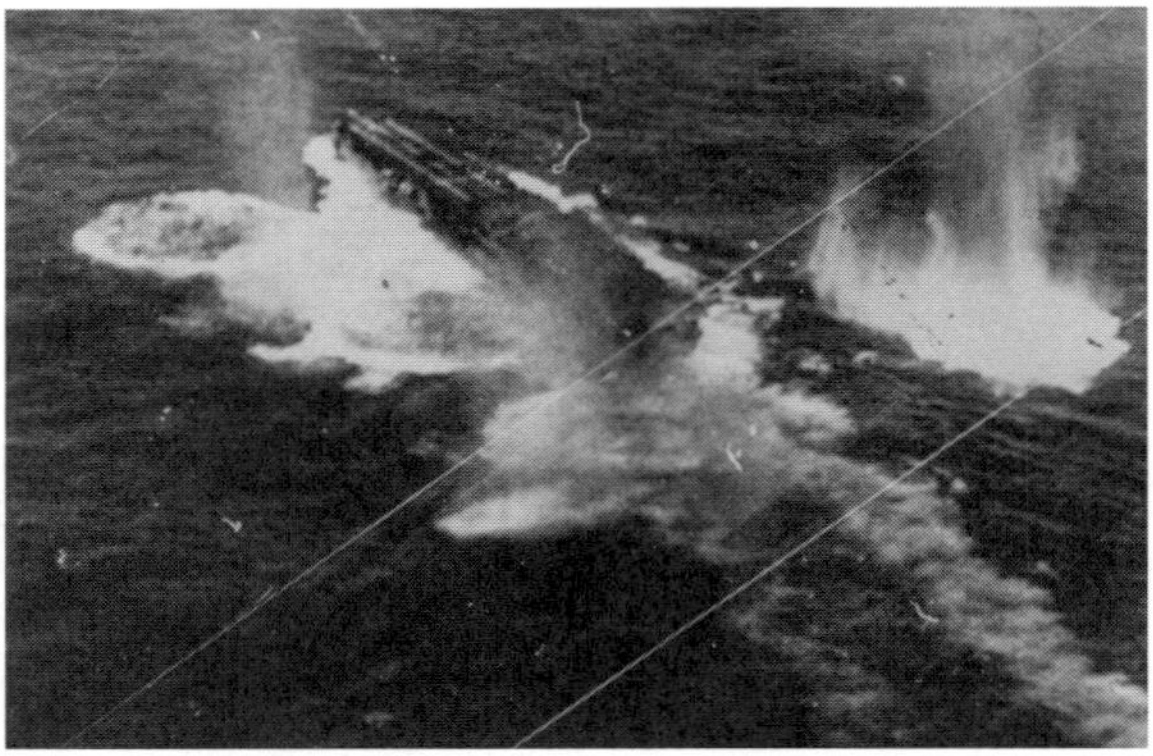

エンガノ岬沖海戦で敵機の攻撃を回避せんとする「千歳」。しかし結局僚艦「千代田」とともに撃沈された

攻作戦にも従事した。その後は「千代田」同様、甲標的の輸送に従事していた。しかし戦局の悪化にともない、ソロモン方面や南方への輸送任務に転用される機会が増え、昭和18年7月22日に、ショートランド島北水道で空襲により撃沈されてしまった。

なお、ユニークな母艦として「秋津洲」を挙げるべきであろう。日本海軍は水上機と並び、長大な航続距離と積載量がある大型飛行艇による対艦攻撃を重視していた。その思想から、飛行艇の行動範囲を一層広げる飛行艇母艦として、「秋津洲」を建造したのである。大型飛行艇1機を艦尾のデッキに搭載可能で、揚収には大型クレーンを使用。最大8機の飛行艇に2週間の作戦能力を与えられる支援能力を持つ母艦として、昭和17年4月29日に竣工した船であった。

しかし、太平洋戦争の緒戦で実施された大型飛行艇単独の攻勢作戦は犠牲が多く、飛行艇に託された構想は実用性がないと判断されていた。そこで「秋津洲」については、就役前に魚雷艇搭載能力を付与されて、もっぱら輸送や臨時工作艦など雑多な用途に投入されたが、これという活躍はなく、昭和19年8月24日に米軍機の空襲で撃沈されている。

水上機母艦に攻勢的な役割を持たせ、世界に類のない能力を「千歳」以下4隻に求めた日本海軍であるが、甲標的への過度な期待までも背負わされた結果、非常に中途半端な船となり、結果としてその能力に見合った活躍の機会を得られなかったのである。

第十三章

過大な期待に押しつぶされた「潜水艦」

潜水艦への技術的な道が拓かれた明治時代末期、
日本海軍もこの新兵器の取得と国産化に努め、
世界有数の潜水艦隊を保有するに至った。
しかもその潜水艦隊は、世界に例を見ない攻撃的性格を帯びていた。
日本海軍は、潜水艦にどのような役割を期待していたのだろうか。

海大3型aの伊155潜。本型は開戦時で艦齢15年を超えていることから昭和17年には練習潜水艦として一線を退いたが、その後艦隊に復帰、北方部隊に編入され輸送任務に従事している

漸減邀撃の要となる潜水艦隊

近代的潜水艦の祖となるホランド型潜水艦が誕生したのは１９００年のこと。欧米海軍では潜水艦の研究が進み、明治最後の年となる１９１2年には、イギリス海軍で艦隊に随伴可能な20ノットの速力と十分な航続力を持つ潜水艦開発の道筋が見えていた。

日本海軍もアメリカのエレクトリック・ボート社からホランド型潜水艦を購入し、ドイツのゲルマニア社から技術移転を図るなどして、まずは一定規模の潜水艦部隊を整備しつつ、潜水艦の国産化に努めていた。そして大正8（１９１９）年には、設計から建造まですべて日本で手がけた海中1型潜水艦の建造に成功した。

さらに第一次世界大戦後には、戦利艦としてドイツから7隻のUボートを得て、日本は最先端の建造技術を吸収できた。これにより、日本海軍には理想とする潜水艦を建造できる条件が整ったのである。

日本が潜水艦を重視したのには、切実な理由があった。大正12（１９２３）年に締結されたワシントン海軍軍縮条約において、対英米6割の主力艦保有比率に抑え込まれた日本海軍は、漸減邀撃構想に傾斜していた。これは日本近海に来寇する米太平洋艦隊を、補助戦力を使ってなるべく遠方から消耗させ、日本近海で五分の条件で戦うという構想だ。

この作戦の中で、重要な鍵と見なされたのが潜水艦であった。アメリカ西海岸の諸軍港やハワイの真珠湾周辺を哨戒可能な潜水艦があれば、米太平洋艦隊の動静をいち早く掴むことができるだろう。潜水艦は海軍軍縮条約の対象にならなかったので、日本海軍は、潜水艦にこの漸減邀撃構想における重要な役割を託そうとしたのである。

まず一つが艦隊決戦用の潜水艦。決戦予想海面に先んじて潜水艦を散開させておく。ここで敵艦隊に攻撃を加えたのち、急速移動して攻撃を繰り返そうという想定の潜水艦で、海大型と呼ばれるタイプがこの役割に該当する。

もう一つが、真珠湾など敵根拠地付近まで進出して哨戒任務に就き、決戦海域に向かう米艦隊の動静を本国に報告しつつ、機会を見て攻撃を加えるという役割だ。長大な航続力を求められる巡洋艦に似た用途であったため、巡洋潜水艦＝巡潜型と呼ばれる船の役割である。

日本海軍が建造した潜水艦は、ある分類に従えば37艦型226隻もあるため、一様に括って説明するのは難しい。しかし沿岸警備用の小型潜水艦を除けば、この海大型と巡潜型の二系統が大きな軸となって開発されたのである。

巡潜1型の伊3潜。昭和17年6月には巡潜型で編成された第二潜水部隊として北方作戦に従事した。巡潜型は長大な航続距離を活かし、北方から南方まで広範囲に多用された

ロンドン軍縮条約の衝撃

ワシントン海軍軍縮条約時代になると、海大型には航続性が求められるようになり、昭和4（1929）年3月就役の海大3型bの5隻では、巡潜型の優れた要素を大幅に取り入れていた。さらに同年4月に就役した海大4型は巡潜型用の装備品を搭載した異色の海大型となった。

この型に属する「伊64潜」は、インド洋通商破壊戦で商船6隻を撃沈破して、作戦参加中最高のスコアをあげている。ジャイアント・キリングを期待されていた海大型

の役割ではなかったが、巡潜型のコンセプトの正しさを証明した戦果であった。

一方、巡潜型については、戦利艦としてドイツから得た当時最優秀の巡洋潜水艦「U142」をもとに、大正12年度計画で建造が決まり、大正15（1926）年3月から巡潜1型が4隻就役した。これが昭和2年度に5隻目の巡潜型として建造された「伊5潜」では、偵察・索敵能力の飛躍的向上を目指して、航空機を搭載する方針になり、苦心しながら艦橋の後方に小型固定格納庫を設け、九一式小型水偵1基を分解収容できるようにした。これが巡潜1型改であるが、巡潜型の系譜に連なる潜水艦は、以後、水偵の運用能力を強化してゆくことになる。

ワシントン海軍軍縮条約では、補助艦艇の制限が緩かったことから、1920年代に巡洋艦を中心とした新しい建艦競争を誘引してしまった。その反省から、条約の更新時には補助艦艇に制限が課せられるのは確実であったので、日本海軍でも交渉に備えて軍備制限研究委員会を設け、補助艦艇の所要量の研究を開始していた。ここでは潜水艦については艦齢12年以内の巡潜型9隻、海大型27隻、中型27隻、機雷敷設型2隻を第一線部隊として、これを恒常的に維持するべきという指針が固まった。

ところが昭和5（1930）年4月に締結されたロンドン海軍軍縮条約では、潜水艦を7万8000トン、62隻という日本の要求は蹴られ、5万2700トンしか認められなかった。条約調印時に日本は7万トン以上の潜水艦を保有していたし、代艦建造枠が1万9200トンまで認められていたので、翌年完成予定の4隻を含むある程度の新造艦のやりくりは可能であったが、潜水艦隊の将来像には大幅な見直しが必要となってしまう。

このロンドン条約により、旧来の漸減邀撃構想の理想型は追究できなくなった。というのも、この構想の重要な戦力であった巡洋艦や駆逐艦も保有限度が設けられてしまい、その不足分を、潜水艦によって補う必要が生じたからだ。

もともと水上艦艇ほどの運動性を持たず、通信機能も貧弱な潜水艦にこのような期待をすることに無理があるのだが、日本海軍は潜水艦の個艦優秀性を追求する道に舵を切った。その象徴が水上速力23ノットを得た海大6型や、居住性や潜水戦隊旗艦を担える作戦指揮設備を持った巡潜3型であった。

ところが、昭和9（1934）年の友鶴事件と、翌年の第四艦隊事件を受けての調査で、既存および計画中の潜水艦の浮力や復元性、船殻構造に難があることが分かり、ほぼ全艦に性能改善工事が必要となる。こうして個艦性能の追求による解決も困難になってしまったのである。

無条約時代の方針転換

昭和10（1935）年12月に始まった第二次ロンドン海軍軍縮会議について、日本は前年の予備交渉で条約離脱を通告していたが、各国の艦艇保有量に共通上限値を設ける規定が実現するなら、軍縮体制に復帰するつもりでいた。しかしここでも日本の主張は無視されたため、日本は交渉を打ち切った。これにより昭和13（1938）年から日本海軍は条約の制限をすべて脱する無条約時代に突入する。

この間に策定された第三次海軍軍備補充計画（㊂計画）は、軍縮時代に生じた米海軍との差を詰める狙いがあった。この中で潜水艦に求められたのは、漸減邀撃構想の再建と、艦隊決戦兵力としての一層の強化であった。具体的には23ノット程度と想定される敵の新型戦艦の動向を追い、反復攻撃を実施可能な、水上速度26ノットを発揮できる潜水艦が求められたのだ。

しかしこのような潜水艦は、建造可能であっても取得に予算がかかりすぎること。また個艦性能の過剰な追求による弊害も懸念されたことから、まだ十分に数が揃っていなかった巡潜型の整備が優先された。これが機潜型の「甲型」と、「甲型」から旗艦能力を省略した「乙型」、そして「乙型」から航空艤装を撤去し、魚雷を

乙型の伊26潜。日米開戦時にキスカ、アダック、ダッチハーバー方面の要地偵察を行い、翌年昭和17年5月には北方部隊に編入され、短期間北太平洋で活躍している（写真提供／勝目純也）

海大6型aの伊168潜。同型艦の伊169潜、伊171潜とアッツ・キスカ島への補給任務に就いた。しかしレーダーの発達により、濃霧の中の潜水艦輸送も危険の多い任務だった

増やした「丙型」である。

続く海軍軍事充実計画（㊃計画）では、海大6型bを性能強化した「海大7型」10隻の建造が進められた。

このような無条約時代の努力により、日本海軍は理想とする潜水艦隊を着実に実現していた。ところが昭和13年の時点で、米海軍の新型戦艦（ノースカロライナ級）が27ノットの高速戦艦であることが判明すると、潜水艦による反復攻撃という従来の構想が根底から崩壊した。しかも対米戦を見据えた演習において、臨戦態勢にある艦隊への潜水艦による奇襲は、想定より困難で効果も薄いことが確実となった。

そこで昭和15（1940）年には、従来の漸減邀撃の尖兵という役割が潜水艦から消え、アメリカの東西両沿岸に積極的に進出して通商破壊に従事、また艦載機による空襲でアメリカの世論を揺さぶり、日本に対して短期決戦を挑むよう追い詰める手段となることが期待された。高性能を追究した潜水艦が、通商破壊では極めて有用であることも演習で判明していたのである。

しかし、この新方針が艦隊整備計画や軍事ドクトリンとして確立するよりも先に、昭和16（1941）年秋には日米開戦が不可避となってしまうのである。

戦争前半の潜水艦の戦い

昭和15年11月15日、連合艦隊隷下に第六艦隊が新設された。これは潜水艦を中心に、若干の支援用水上艦艇

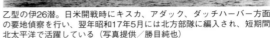

を配備した特科部隊であった、従来、潜水艦は戦艦主体の第一艦隊と、巡洋艦中心の第二艦隊にそれぞれ1個潜水部隊が所属する形であったが、対米戦を前に、独自性を発揮しやすいように集中運用が容易な艦隊としてまとめられた。実に伊号潜水艦の7割が第六艦隊に集められていたのである。

第六艦隊の初陣は、真珠湾攻撃であった。第二潜水戦隊がオアフ島を挟むように南北に哨戒線を展開し、第一潜水戦隊は特殊潜航艇5隻を湾内に送り込む役割を担ったのである。

だが1ヵ月余の時間をかけた作戦はまったく不本意な結果に終わった。戦果ゼロであったうえに、すべての特殊潜航艇と「伊70潜」を失ってしまったのだ。この作戦を通じて、警戒厳重な港湾周辺の作戦は、常時、対潜艦艇や哨戒機の脅威にさらされるため、潜水艦の雷撃力を前提とする封鎖は事実上不可能という現実を突きつけられた。20年以上、潜水艦の重要な役割と信じられていたものが、あっけなく崩壊したのである。

とはいえ、すべての港湾が真珠湾ほど厳重に守られているわけではなかったので、敵港湾監視任務自体は継続された。この延長として、昭和17（1942）年5月31日、マダガスカル島北端のディエゴ・スアレス港と、オーストラリアのシドニー港に対して、特殊潜航艇を使った奇襲攻撃が実施された。シドニーでの損害は軽微であったが、ディエゴ・スアレスでは戦艦「ラミリーズ」への雷撃に成功して、約1年の戦線離脱を強いている。

また真珠湾への再攻撃にも、潜水艦が投入された。ただし今回は特殊潜航艇の隠密襲撃や、オアフ島周辺の哨戒ではない。第二四航空戦隊に配備されたばかりの二式飛行艇を使って真珠湾を夜間爆撃するというもので、途中、二式飛行艇は着水して、潜水艦がこれに給油をするのである。

「K作戦」と名付けられた作戦は、昭和17年3月2日に発動し、マーシャル諸島のウォッゼを出撃した2機の二式飛行艇は、フレンチフリゲート環礁付近で、水偵格納筒を航空燃料補給装置に改造した「伊15潜」と「伊19潜」から給油を受けて再び飛び立った。気象条件が悪く、空襲を実施できたのは1機だけであったが、作戦自体は成功した。これを受けて「第二次K作戦」も5月末に計画されたが、この時はフレンチフリゲート環礁周辺海域が補給基地に使われているのをアメリカ側が掴んでおり、事前に対潜フリゲートに周辺海域を押さえられてしまったため、実施は見送られている。

艦隊決戦に敗れた潜水艦隊

昭和17年夏、ミッドウェー海戦で大敗を喫した日本海軍の主戦場は、ガダルカナル島を中心とするソロモン諸島周辺海域に移っていた。個々に見ると、この戦役では日本潜水艦が奮闘している。例えば8月31日に「伊26潜」が敵空母「サラトガ」を捕捉、魚雷1本を命中させて戦線離脱に追い込み、9月15日には木梨鷹一艦長の「伊19潜」が空母「ワスプ」に3本を命中させて撃沈。またこの時の外れた魚雷が戦艦「ノースカロライナ」と駆逐艦「オブライエン」を捉えるという、戦史にも稀なスコアを記録しているのだ。

K作戦に参加し、フレンチフリゲート環礁付近で、マーシャル諸島のウォッゼを出撃した2機の二式飛行艇と会合する伊15潜、伊19潜。両艦から補給を受けた二式飛行艇は長躯真珠湾へ進出、爆撃を行ったが、相手に与えた損害は軽微なものにとどまった

しかしソロモン攻防戦を俯瞰してみるなら、潜水艦の働きは期待外れであった。その理由は、米海軍の対潜攻撃能力が著しく向上していたことにある。戦前に立てた通商破壊重視の方針も、準備時間がなくて付け焼き刃なこともあって、大西洋でドイツの通商

破壊戦に対処していたアメリカの対潜戦術には歯が立たなかった。実際、戦争を通じて米兵や兵器を満載した軍用輸送艦を、日本は1隻も撃沈できていない。

状況打開のため、日本側も新造潜水艦を単独で訓練させるのではなく、呉に練習部隊を編成して、そこで3ヵ月程度の集合・統制訓練をしてから戦場に送り出すなど、戦術と技量の向上に努めていた。しかしガ島の戦況悪化に伴い、駆逐艦のみならず、潜水艦まで物資輸送に振り分けるような有様では、潜水艦に戦果を期待する方が無理がある。

昭和18（1943）年2月、

日本軍はついにガ島を放棄し、潜水艦隊も後方に退いて再編成に入ったが、一連の攻防戦で19隻の潜水艦が失われていた。もっとも、22隻の新造艦が加わっているので、第六艦隊を中心とする潜水艦部隊は、まだ健全な陣容を保っていた。

その潜水艦の真価が問われたのが、昭和19（1944）年6月の「あ号作戦」であった。決戦予想海面に先んじて展開した潜水艦隊が、敵主力を叩いて決戦に有利な条件を整えるという構想のもと、20隻の各種潜水艦が投入されたのである。しかし6月19日から20日にかけて発生したマリアナ沖海戦では、直接、作戦に投入した潜水艦のうち12隻を喪失。広く作戦を支援した潜水艦を含めると、全体では20隻が帰ってこなかったのである。その上で、空母「大鳳」「翔鶴」という、日本の基幹戦力が米潜水艦の雷撃で葬られるという、期待とは真逆の展開で完敗したのである。

同盟国を結んだ潜水艦

作戦、戦術的には期待に応えられなかった日本の潜水艦であるが、情報、外交面で重要な働きをしている。それが同盟国ドイツとの間で実施された遣独潜水艦であった。これは昭和17年8月6日にインド洋、大西洋を経由してドイツ占領下のフランス、ロリアン港に入港した「伊30潜」を皮切りに、合計5回実施されている。

もっとも第一次遣独艦は復路、シンガポールまで来たところで触雷して沈没。第四次遣独艦の「伊29潜」は無事にロリアンとシンガポールを往復したが、シンガポールから内地に向かう途中、バシー海峡で米潜水艦に撃沈されてしまう。この「伊29潜」の艦長は、空母「ワスプ」撃沈で知られる木梨鷹一艦長であった。結局、往路、復路とも成功したのは第二次遣独潜水艦だけであったが、地理的に隔絶した日独間を直接結び、要人交換や情報の移送に加え、日本側からは南方産出の医薬品、希少金属を送り、ドイツからは各種新型兵器、レーダーなどの設計図やサンプルをもたらすなど、無視できない動きを見せている。

終戦間際のわずかな輝き

一方、マリアナ沖海戦に敗北を喫した潜水艦隊は、昭和19年10月の捷一号作戦に13隻を投入して復仇を狙うも、駆逐艦1隻を撃沈したのと引き換えに、6隻を喪失して再び敗北した。

これで潜水艦による通常攻撃が不可能と理解されると、残った潜水艦には人間魚雷「回天」運用母艦の任務が託される。11月20日には菊水隊が編成され、ウルシー泊地とパラオのコッソル水道口に奇襲攻撃が敢行された。以後、潜水艦の作戦は「回天」母艦が主となった。しかし作戦海域が狭まるにつれて潜水艦にも被害が続出し、昭和初期の老朽艦や、「潜高小」という戦時増産小型潜水艦が主体となり始める中で、母艦任務を果たせる潜水艦は限られていた。

それでも翌昭和20（1945）年5月下旬から6月にかけては、潜水艦3隻で編成された回天特別攻撃隊「轟隊」が沖縄〜マリアナ諸島中間海域で敵輸送船と駆逐艦撃沈の戦果を挙げた。また7月中旬からは母艦6隻からなる多聞隊が沖縄東方に進出し、「伊58潜」が重巡「インディアナポリス」を撃沈して、勝ちムードに染まる米

ロリアンでの伊30潜。乙型の11番艦としてインド洋で交通破壊戦に従事後、喜望峰経由でドイツ連絡任務に従事した。帰路、予定にないシンガポールへの寄港を命ぜられ、触雷沈没している（写真提供／勝目純也）

昭和21年、海没処分のため最後の航海に出港する伊156潜。海大1型、2型の試験艦を経て、実用化された初の艦隊随伴用高速潜水艦である海大3型bで、太平洋戦争時には老朽化で第一線を退いていたため戦争を生き延びた

写真手前の伊400潜に接舷しようとする伊14潜。両タイプとも長大な船体、大きな艦橋と飛行機格納筒、潜水艦とは思えない長いカタパルトなど、他国に例をみない「潜水空母」だった

終戦後に呉に残された残存潜水艦。写真に見えるのは伊58潜、伊203潜、波203潜、波204潜である。伊58潜は終戦直前に米巡洋艦を撃沈し、水中高速艦として開発された伊201型は結局終戦には間に合わなかった

海軍に窮鼠の一噛みを加えている。

最後になるが、水上攻撃機「晴嵐」を3機搭載し、潜水空母とも呼ばれた潜特型についても触れる必要があるだろう。当初はアメリカ沿岸の主要都市やパナマ運河攻撃を主目的に開発された潜特型は3隻が就役したが、うち2隻がウルシー環礁を襲撃する直前に終戦となり、実力を発揮できなかった。

潜特型については、弾道ミサイル潜水艦の始祖として戦後の潜水艦設計に多大な影響を与えたと評価する向きもある。1960年代に米原子力潜水艦に抜かれるまでは、世界最大の排水量を誇る巨大潜水艦を、困難な状況下で完成させたのは、日本潜水艦建造技術の勝利であっただろう。しかしながら、いかに巨大な潜水艦とはいえ、3機程度の搭載機では本質的な戦力にはならず、たとえ1個潜水戦隊の数を揃えたとしても、その攻撃力はアメリカの護衛空母1隻に及ばないという事実は見落としてはならないだろう。

日本の潜水艦作戦を総括すれば、残念ながら投入した労力と資材に見合う結果が得られたとは言えない。個艦性能は決して連合国の潜水艦に劣ってはいなかったが、あまりに錯綜した建艦計画は安定した戦力を構成するに至らず、能力に適した運用法も確立されなかったのである。

第十四章

特設艦艇に支えられた「潜水母艦」

日本海軍は潜水艦による敵艦隊攻撃を重視していたため、これを支援する潜水母艦にも積極的な役割が求められた。しかし大型化と高性能化を続ける潜水艦に対して、支援と戦闘指揮を両立させるのは容易ではなく、潜水母艦開発は袋小路に陥ってしまう。日本海軍はこの難題の解決にいかに取り組んだのであろうか。

日本海軍初の潜水艦である「第一潜水艦」。国内建造ではなく、アメリカのホランド級潜水艦を分解して輸入し、横須賀海軍工廠で組み立てた。潜水艦上に立つ人々と見比べると、潜水艦の小ささが分かる

潜水艦の支援も行っていた水雷母艦「豊橋」。補給中だろうか、傍らには2隻の駆逐艦が停泊している。1888年の姿。1915年7月12日に民間に払い下げられ、その後は練習船や商船、蟹工船として活躍した

潜水艦支援に不可欠な潜水母艦

日本海軍は日露戦争中に「第一潜水艦」を導入したが、これは常備排水量103トン、乗員16名しかない小型艇であった。近海での短時間の作戦能力しかないので、運用者としては潜水能力を持つ水雷艇といった程度の認識から始まった戦力整備である。しかし、後に潜水艦の性能が向上すると、改めて潜水艦は期待される兵器となっていった。

だが、当初から潜水艦には劣悪な居住性という大きな弱点があった。潜水艦は海中を潜航する特殊能力と引き換えに、多くの性能を犠牲にしているが、乗員の居住性もその一つであった。水上艦艇に比べて劣悪な環境は、もともと艦艇の居住性を重視していたとは言えない日本海軍も看過できず、潜水艦を支援する母艦の必要性に早くから直面したのである。

これを解決するのが潜水母艦である。潜水母艦は、前線勤務を終えた潜水艦乗組員に快適な居住空間と食事、入浴、清潔な衣服などを提供して、潜水艦では得られない休養を与える艦である。また構造が複雑な潜水艦は

頻繁な整備を要するため、母艦には簡単な工作、修理設備も用意されていた。このような配慮は、自軍港湾が近い海域の作戦では不要であるが、潜水艦の性能が上がり、航続距離や作戦時間が延びるほど不可欠である。

ただし、当初は潜水艦専用の母艦というわけではなく、水雷母艦が潜水艦の支援を兼務していた。例えば初期に母艦となった排水量4000トン前後の「豊橋」は、日清戦争後に水雷母艦となった輸送艦を改造した船であった。

しかし間もなく「豊橋」の設備では手狭になると、日露戦争後には戦利艦である約1万トンの「韓崎」が潜水母艦として就役している。一方で、大正3（1914）年に就役した雑役船「駒橋」が、1000トンあまりの小型船であるにも関わらず、潜水戦隊の母艦として使われているように、特に潜水母艦の能力や運用に一貫した方針は定まっていなかった。

淡路沖で公試中の「呂51型潜水艦（L1型）」。この潜水艦は、ヴィッカース社が設計し、イギリス海軍で採用されたL級潜水艦を、三菱造船がライセンス生産したもの。潜水艦の艦隊運用という可能性を日本海軍に認めさせた潜水艦である

だが、潜水艦の量的増加はともかく、質の向上に対しては、輸送船や旧型艦の母艦流用では応じきれなくなった。「第一潜水艦」から約15年後に導入された呂51型潜水艦（L1型）は、全長で3・5倍の70メートル、排水量は約900トン、乗組員も45名と大幅に増加している。このように潜水艦が大型化すれば、補給物資の量はもちろんのこと、種類も増え、簡単な整備だけでも多くの交換部品が必要となる。

将来的にも潜水艦はさらに大型化、高性能化するのは確実である。外洋航行能力も向上し、作戦範囲は日本近海を離れ、航海も長期化する。このような変化を前提に、大正時代には、潜水母艦のあり方も根本的に見直された。

迅鯨型潜水母艦の2番艦「長鯨」。長鯨には水上機を運用する能力が付与されていたため、船体後方に艦載機が搭載されている。1942年1月の撮影

潜水艦に後れをとった潜水母艦の整備

潜水艦の高性能化は、艦隊決戦での運用を想定した艦隊型潜水艦の可能性をもたらした。味方水上艦に追随して決戦海域に展開し、敵艦隊と交戦する高性能潜水艦の開発と整備に、日本海軍は飛びついたのである。

しかし重要な海戦に参加する以上、他の部隊との連携が不可欠であり、潜水艦を指揮する艦艇が必要となる。大正時代には艦隊演習に参加する潜水艦隊に、旧型の防護巡洋艦が旗艦として割り当てられるようになったが、この役割は従来の潜水母艦にはこなせない。輸送船などから改装した雑多な母艦を決戦海面に出すわけには行かないし、そもそも速度が遅く、艦隊行動に追従できないからだ。

こうなると潜水艦部隊への指揮能力と母艦能力を併せ持つ、新しい潜水母艦が求められるようになる。折しもアメリカを仮想敵とする八八艦隊構想が動き出す中で、潜水戦隊が常備艦隊に属することが決まると、潜水母艦も新造されることとなった。これが大正9（1920）年に決定した迅鯨型潜水母艦である。迅鯨型は潜水艦の母艦能力と同時に、艦隊に随伴して決戦海面付近まで進出し、潜水戦隊を指揮する能力が求められた。そのため排水量1万4500トン級の大型艦艇として計画されたが、ワシントン海軍軍縮条約を批准したことで状況が変わり、計画は大幅に縮小、最終的に基準排水量5000トンあまりの船となる。

2隻が建造された迅鯨型は呂号潜水艦9隻を整備、支援できる性能が与えられ、潜水戦隊の作戦指揮能力と通信機能を搭載、速力は16ノットで、兵装には14センチ連装砲を2基4門搭載していた。「夕張」と同程度の

戦闘力と見れば良いだろう。一番艦「迅鯨」は大正12（1923）年に就役したが、その翌年に日本海軍において潜水母艦が独立艦種として類別を受けたように、海軍の関心も高かったことが窺える。「長鯨」には水上偵察機1機の運用能力が追加装備され、艦の左右に飛行機揚収用デリックも追加された。

しかし潜水艦隊が伊号潜水艦に置き換わると、迅鯨型も陳腐化した。潜水艦の排水量は2000トンに増大、水上速力も20ノットに迫ると、迅鯨型では支援能力が足りず、水上航行速力でも後れをとってしまうからだ。これに対応して、伊号潜水艦の潜水戦隊は、5500トン型巡洋艦の「由良」などが指揮を担うようになる。一方で支援については従来のように輸送船ベースの潜水母艦が使用された。指揮と支援が分離する形であるが、当面、この状態で潜水艦部隊は運営されたのであった。

空母予備艦とされた潜水母艦

迅鯨型に続いて建造された本格的な潜水母艦が「大鯨」である。昭和6（1931）年に策定された第一次補充計画（㊀計画）で建造が決まり、昭和9（1934）年に竣工した「大鯨」は、基準排水量で1万3000トンに達する大型母艦であった。速力20ノット、水上偵察機3機を搭載するだけでなく、1万トン級の軍艦として初めて船体構造に広く電気溶接を採用、ディーゼルエンジンを主機とした先鋭的な設計であった。実際のところ新技術はトラブルが多く、運用面では問題だらけの艦であったが、大きな船体と最新設備が生み出す良好な居住性は、これまで古い潜水母艦でのやりくりを強いられていた潜水艦部隊に歓迎された。

しかし「大鯨」と、これに続く「剣埼」「高崎」の3隻の新型潜水母艦は、有事に潜水艦隊の戦力となる可能性が低い船であった。その実態は、海軍軍縮条約下の空母戦力不足を補うための「空母予備艦」であり、有事の際には優先的に空母に改装すると決まっていたからだ。潜水母艦の姿は言わば諸外国への隠れ蓑であり、

空母「龍鳳」に改装される前の潜水母艦「大鯨」。1938年12月19日に英軽巡バーミンガムから撮影された一枚。長大な船体や複数装備されたデリックなどにより、従来の潜水母艦からのスケールアップを感じる

実際「大鯨」は太平洋戦争の勃発直後から横須賀工廠にて空母「龍鳳」とする改修工事に入っている。「剣埼」も昭和14（１９３９）年1月15日に潜水母艦として就役したが、昭和15（１９４０）年末から空母改装工事が始まり、開戦直後に空母「祥鳳」として再就役した。剣埼型潜水母艦の二番艦となる「高崎」は、建造中に空母改装が決まったため、潜水母艦とはならず、昭和15年12月に空母「瑞鳳」として就役した。

結局、増大する一方の潜水艦部隊への支援については、大型貨客船を特設潜水母艦として徴用することで充実を図ることになる。だが、これでは支援、整備の問題は解決できても、潜水艦隊の指揮の問題が残ってしまう。

実はこの時期には潜水艦を巡る環境が激変し、日本海軍は潜水艦隊運用の根本的な見直しを迫られていた。日本海軍は水上航行速度に優れた海大型潜水艦による、米主力艦隊への反復攻撃を企図していた。ところが米海軍のノースカロライナ級戦艦が27ノット超の高速戦艦であり、艦隊全体が高速化していることから、反復攻撃の実施は不可能となった。次善策として決戦海域に潜水艦を集中投入する構想を立てたが、臨戦態勢にある艦隊への潜水艦による奇襲は、困難かつ効果も期待できないことが演習を通じて判明する。つまり艦隊型潜水艦による決戦構想は戦前から崩壊していたのである。

代わって浮上したのが、アメリカの勢力圏内に積極的に進出して通商破壊に従事する構想である。これは本来の潜水艦の役割への回帰であり、艦隊決戦用に整備してきた潜水艦を投入するには贅沢な任務であるが、その分、余力を持って取り組める。また大規模な作戦に際しては、散開線を設けて敵艦隊の動向を掴む偵察任務

も期待できる。もちろん、敵主力艦などと接触する機会があれば、これを最優先で攻撃するのは言うまでもない。

こうした新方針を受けて建造されたのが、軽巡「大淀」である。広大な太平洋を舞台に、数隻の潜水戦隊だけで敵艦隊に接触、交戦するのは難しい。そこで水上偵察機の運用に特化した巡洋艦が求められた。平時には5500トン型巡洋艦で代用できたが、航空機運用能力が低く、作戦指揮と通信能力も十分ではない。そもそもこの種の軽巡は、水雷戦隊旗艦や主力艦隊の随伴偵察艦、空母の護衛など、なすべき任務が多くて数が足りない。ある意味で投機的な潜水艦隊の作戦に割く余裕はないので、潜水艦隊指揮用の巡洋艦を建造することとなったのである。

軍令部は当初、新型巡洋艦については航空機搭載、運用能力重視で、主砲や魚雷発射管は不要としていた。自身が戦うような任務ではないし、偵察機により敵情を迅速、正確に掴み戦闘を回避すれば良い。また指揮下の潜水艦を攻撃手段と見なすこともできる。敵空母艦載機や水上艦艇と接触するような艦艇に、中途半端な性能の潜水母艦を配備しても危険なだけという、演習を重ねての経験が反映された要求であった。しかし最上型巡洋艦の改装により15・5センチ砲が余剰になっていることから、これを搭載することが決まる。それでも魚雷発射管を退けたのは懸命な判断であった。

「大淀」は新型の十四試高速水偵「紫雲」を6機搭載するというのが計画段階の骨子であり、作戦海域に進出した「大淀」が水偵を展開して、集められた敵情をもとに隷下の潜水艦隊に指示、配置を命じる。この時、太平洋戦争の初期に実施した「K作戦（※）」のように、航空機給油能力を持った潜水艦が展開すれば、水偵の偵察範囲を飛躍的に増やすことも可能だろう。また「大淀」の敵情把握が正しい限り、潜水母艦も安全に前線付近まで進出して支援できる。こうした補給ローテーションの短縮により、前線に展開できる潜水艦の数と時間を長く保てるという運用構想である。

※昭和17（1942）年3月4日に日本海軍が実施した、ハワイに対する航空作戦。二式飛行艇を使用し、潜水艦による海上補給ののち爆撃を行った。

大淀型巡洋艦は、当初2隻建造される予定であった。しかし「大淀」の起工が昭和16（1941）年2月で、建造中に太平洋戦争が起こったため、二番艦「仁淀」の建造は中止され、単艦での就役となったのである。

迅鯨型潜水母艦の戦い

潜水艦を取り巻く環境の変化に応じて、潜水戦隊の指揮と、支援用の母艦の役割がそれぞれ分離した状態で、日本海軍は太平洋戦争を迎えた。では、実際の潜水母艦の戦いはどのように展開したのだろうか。

昭和10年代に入り、新型の大型潜水艦の性能向上に対応する水上航行能力がなかった迅鯨型潜水母艦は、潜水戦隊旗艦の任務を「大鯨」や「剣埼」など新造艦に譲り、工作艦や練習艦として働いていた。

ところが対米戦不可避の状況になると、2隻は潜水母艦として再就役する。「迅鯨」は機雷潜水艦で編成された第七潜水戦隊、「長鯨」は第六潜水戦隊をそれぞれ指揮する役割で、戦争に突入したのである。

例えば「長鯨」の場合、開戦に先立ち、海南島を出撃してベトナムのカムラン湾に進出し、隷下の潜水戦隊はフィリピン攻略を支援、昭和17（1942）年1月にはサマール島に陸戦隊を上陸させている。以降「長鯨」は蘭印攻略作戦にも参加して、4月上

呂号潜水艦に補給中の潜水母艦「迅鯨」。太平洋戦争開戦時には第七潜水戦隊旗艦として主にトラック泊地に停泊し、麾下の呂号潜水艦を支援した

旬に呉に入港すると呉鎮守府部隊に編入され、潜水学校練習艦になっている。

だが、これは恒久的な配置ではなく、昭和18（1943）年1月に第八艦隊第七潜水戦隊に編入されると、激戦地ソロモン諸島に投入された。この際に、トラック方面に展開していた「迅鯨」が入れ替わりで内地に戻っている。「長鯨」の任務は各地の輸送支援と、機会を見つけての敵艦攻撃とされていた。しかし悪化する戦局の中で「長鯨」の活躍できる戦場は減る一方となり、11月には内地に帰投した。

「長鯨」は訓練部隊である第六艦隊第十一潜水戦隊に編

入されると、瀬戸内海付近で潜水艦乗員の新兵訓練にあたった。戦場が日本に近づくにつれて伏撃兵器としての潜水艦への期待が大きくなり、乗員育成が急務となったのだ。マリアナ諸島が失陥するなど戦局は悪化を続け、昭和19（1944）年7月には迅鯨型の2隻は南西諸島方面への物資輸送任務に割り当てられた。「長鯨」は8月と9月の二度、輸送任務を成功させているが、「迅鯨」は9月18日に米潜水艦「スキャパードフィッシュ」の雷撃を受けて航行不能となり、沖縄の那覇港に繋止されていたところを、10月10日の、いわゆる「十・十空襲」を受けて沈没している。

一方、無事に本国へ帰投した「長鯨」は、呉にて再び訓練任務に充てられたが、瀬戸内海の機雷封鎖が始まると、昭和20（1945）年6月に舞鶴に逃れ、ここで終戦を迎えている。この間に触雷して軽微な損傷を負い、また空襲によって艦橋を損壊している。

このような損傷を負った「長鯨」だが、航行能力には問題がなかったので、終戦後に舞鶴工廠で艦橋を簡易修復して武装を撤去し、特別輸送船として復員輸送に従事した。機関兵の多くが復員していたため、人員のやりくりに苦労したが、約一年間の復員業務をこなして、昭和21（1946）年8月に任務解除、スクラップ処分となったのである。

特設潜水母艦の戦い

迅鯨型潜水母艦は、戦争序盤の第一段作戦こそ中型潜水艦の支援に働いていたが、開戦時に約60隻保有していた潜水艦部隊の規模には全く不足していた。しかし「大鯨」「剣埼」は空母予備艦であるため、潜水艦作戦の支援は特設潜水母艦のみに委ねられていた。

昭和15年に特設潜水母艦として徴用された7隻の大型貨客船は、特設巡洋艦に改装された他の船よりはやや古かったり、性能が劣るものではあったが、それでも民間船舶とすればかなり優速、高性能の貨客船であった。現代の感覚なら豪華客船に近いと言えるだろう。

最初に特設潜水母艦として改装されたのは日本郵船の「靖国丸」である。徴用船には自衛用の15・2センチ砲を4基と13ミリ機銃を数挺が搭載され、艦橋に測距儀と探照灯が設置された。内部設備としては客室を作戦司令室や士官居住区に転用し、貨物倉を兵下士官の居住施設や魚雷格納庫、弾火薬庫、魚雷調定所、糧食庫などに改造している。

工作、修理設備は迅鯨型など正規の潜水母艦に劣るものの、基本的に外洋航路の貨客船であるため居住設備の質が良く、医療設備や厨房も軍艦より充実していた。特に貨客船時代の一流の料理人がそのまま雇用されるケースが多く、料理の質の高さで潜水艦搭乗員を大いに喜ばせていたという。

先行の「靖国丸」に続き、大阪商船の「さんとす丸」「りおでじゃねいろ丸」「筑紫丸」、南洋開運の「名古屋丸」、日本郵船の「日枝丸」「平安丸」が特設潜水母艦に改造された。「平安丸」は建造途中から特設潜水母艦に改造されている。各母艦の配属先は次の通りである。

靖国丸（第一潜水戦隊→三潜戦）
さんとす丸（二潜戦）
りおでじゃねいろ丸（五潜戦）
平安丸（一潜戦）
日枝丸（八潜戦）
平安丸（第十一潜戦：昭和18年4月から）

これら特設潜水母艦の運用実績は良好で、潜水艦隊の支援という役割をよく果たしたと評価されている。しかしミッドウェーの敗戦に続き、ソロモン諸島での苦戦から退勢に入り始めると、潜水艦が内地から出撃する機会が増え、特設潜水母艦の稼動が低下する。こうした状況下、まず昭和17年に「名古屋丸」が航空機運搬船に転用され、翌年には3隻が特設運搬船に変更された。「靖国丸」「平安丸」は特設潜水母艦として昭和19年に戦没し、最後の1隻となった「筑紫丸」も昭和20年1月に特設運送船となり、潜水母艦は海軍から姿を消した。そして終戦まで生き残ったのは「筑紫丸」のみであった。

終戦後の1945年10月、呉に残された空母「龍鳳」。船としての形を保ったまま終戦を迎えたものの、復員輸送艦として使用するには損傷が激しく放置された。1946年4月2日に呉工廠にて解体を開始、9月25日に完了した

最後に、潜水母艦を隠れ蓑に空母予備艦として建造された3隻を見てみよう。昭和17年11月に空母「龍鳳」として就役した「大鯨」は、マリアナ沖海戦に参加後、輸送任務に従事するが、呉軍港で空襲に遭遇して大破し、防空砲台として終戦を迎えた。

昭和15年11月から改装工事に入り、翌年12月22日に空母「祥鳳」として再就役した「剣埼」は、第四艦隊の指揮下に入り、昭和17年5月の珊瑚海海戦で敵艦載機群の苛烈な攻撃を受けて戦没した。潜水母艦「高崎」は、昭和15年12月27日に空母「瑞鳳」として就役。主要な海戦に投入される機会が多いわりに活躍はなく、昭和19年10月、レイテ沖海戦に第三航空戦隊所属で参加し、エンガノ岬沖海戦で撃沈された。

総じて潜水母艦改造の空母群は活躍が低調であったが、これは日本海軍の小型空母全般に当てはまることであり、特に本級の問題とは言いがたい。

第十五章

海上自衛隊の礎となった「掃海艇」

日本海軍の掃海艇の建造は大正時代に始まり、
太平洋戦争では35隻が投入された。
しかしその多くは、悪化する戦況のなかで船団護衛に投入されるようになる。
そして戦争末期、日本近海が米軍の機雷で埋め尽くされてしまったことで、
最前線となった日本近海で命がけの掃海任務に従事したのも掃海艇であった。

機雷戦に備えた大正までの海軍戦備

船の最大の弱点となる吃水線下を攻撃するため、さまざまな兵器が開発されてきた。そして19世紀末にその決定打といえる機雷（機械式水雷）実用化されると、海軍の作戦にも影響を与えるようになった。

日本海軍での機雷運用は、明治11（1878）年にイギリスから導入した海底沈置式機雷に始まり、明治15（1882）年からは国産に成功する。しかし明治22（1889）年にはロシア海軍が艦尾から機雷を投下して敷設できる機雷敷設軌条を開発し、機雷を海中の一定深度に留める自動係維装置も実用レベルになると、航送中に大量の機雷敷設が可能になった。これにより、機雷には防衛だけでなく、敵の港湾や拠点に進出して敵艦の予想航路上にばら撒くという攻勢的な運用の道も開けたのである。ロシア海軍はこうした能力をもつ敷設艦を極東に2隻配備して日本に圧力を掛けていた。

このような機雷を除去し、航路の安全を確保する作業を「掃海」という。機雷は爆発力が大きいので、船を近づけて作業せずに済むように、掃海具という専用の曳航機材を使用する。この時代の係維機雷の掃海には二つの方法があった。一つは一定の深度に沈めた掃海索で機雷を拘束して、係維器ごと曳航、浅海地で浮上した機雷を銃撃処分するか、深海地でそのまま投棄する方法。もう一つは機雷の係維索を掃海索でこすり切るか、掃海具に取り付けた鋸刃のカッター、爆破鈎で切断し、浮上した機雷を銃撃するというものだ。

当初の掃海作業は、艦載艇やカッターでも充分こなせるものであり、専用の船はなかった。その後、大正時代初期に老朽化した駆逐艦を掃海任務に転用したが、この時期には掃海艇という類別はなくて、雑用船として扱われた。しかし機雷が敷設されている敵拠点まで進出しての掃海作業となると、艦隊に従属する高性能な掃海艇が要求されるようになる。これを受けて新造された最初の本格的な水雷艇が、大正11（1922）年5月

日本海軍初の本格的掃海艇として建造された一号型掃海艇。他国の掃海艇よりも重武装で、太平洋戦争開戦後は船団護衛に駆り出されて失われていった

に起工された第一号掃海艇であり、昭和初期にかけて第六号まで6隻が建造された。

これは八八艦隊計画に連動して整備された船で、基準排水量600トン、全長は76・2メートルと、水雷艇に近い船型をしていた。航続距離は12ノット時に2000海里で、速力は20ノット、兵装は12センチ単装砲を2門、8センチ単装高角砲1門のほか、対艦式大掃海具二型ないし単艦式大掃海具三型を備えていた。このような速力と砲火力に加え、爆雷投射機2基と、爆雷18個を搭載していた。

掃海具を撤去すれば、機雷50個を積むことができたことから、対潜攻撃や敵泊地付近に進出しての機雷敷設まで期待されていたことが分かる。また第一号掃海艇に始まる6隻は「第一号型」と総称されるが、第五号と第六号の2隻は、排水量を20トン増やして、速力などの基本性能をかさ上げしている。

充実が図られる艦隊用掃海艇

第一号型掃海艇が導入された前後から第二次世界大戦時には、掃海具としてパラベーンが用いられていた。これはワイヤーで曳航されると一定深度を保って潜航し、機雷の係維索にひっかかれば、それをワイヤーがたぐり寄せ、最後に切断するという仕組の装置の総称である。

第五号型の発展改良型として建造された第一三号型掃海艇。当時の日本海軍艦艇の例にもれず重武装が過ぎ、友鶴事件後は復元性能改善工事が実施された

初代神風型駆逐艦を種別変更し、掃海艇とした第七号型掃海艇。当初は潮型掃海艇と名付けられたが、後に第七号型掃海艇に改められた

日本海軍のパラベーンはイギリスの装備のコピー品であったが、アメリカも似たようなものを使用しており、パラベーン自体は世界共通と見てよい。

　パラベーンの曳航は複数でも単艦でも可能で、艦艇1隻で曳航するのが単艦式、並行する2隻で曳航するのが対艦式と区別される。操作には艦載ウインチやデリックが使われた。

　日本海軍では駆逐艦にも掃海具が搭載されたが、対潜装備との兼ね合いで単艦式掃海具を搭載できない場合があり、峯風型～睦月型までは追加装備として建造時にあらかじめ決められたものを搭載するようになっていた。

　また大小の区別もあり、駆逐艦や掃海艇で曳航するのが大掃海具、艦艇搭載の短艇や汽艇で使用するのが小掃海具である。対艦式の大掃海具を使用した場合、掃海有効幅は５００～８００メートル、掃海深度は30メートルまで。これが小掃海具だと幅１５０メートル、深度5メートルしかない。機雷の敷設状況がはっきりしている場合、まず小掃海具で前駆掃海を行い、掃海艇の航路を確保してから大掃海具で完全に清掃するというのが、基本的な運用の手順であった。したがって掃海艇の有無によって安全性は大きく変わってくる。

第一号艇型の運用実績が良好なのを見た海軍は、次いで第五号艇をタイプシップとした第一三号艇型（第一三～第一八）を6建造した。兵装の更新と居住性の向上が狙いであり、2隻単位で主機や船型を変えながら建造されたが、第一六号艇までの四隻は友鶴事故の発生により復元性改造工事の追加を要した。

艦隊用掃海艇の最終型が、第七号型と第一九号型である。第七号艇型は第三次海軍軍備補充計画（㊂計画）で6隻（第七～第一二号）建造された。これは先行する第一七号掃海艇の改良型で、排水量を630トンに増やし、駆逐艦との戦闘を予期して旧式駆逐艦から移設した12センチ単装砲を3基搭載していた。また第一九号型は第四次海軍軍備充実計画（㊃計画）で6隻（第一九～第二四号）、マル急計画では28隻を追加建造予定であったが、開戦後の状況変化で11隻の追加に留まった。基本的には第七号型と同型であるが、艦砲を仰角55度にして対空、対地射撃も可能な仕様となっている。

日中戦争から太平洋戦争へ

掃海艇が経験した最初の大規模な作戦は、盧溝橋事件後の中国方面であった。昭和12（1937）年に日本軍は南京まで進出したが、これを支援する海軍の作戦範囲は、南京より80キロメートルも遡上した蕪湖にまで及ぶ。すでにこの時、中支方面、特に長江（揚子江）下流域には砲艇など多数の特設艦艇、雑役船が投入されていたが、吃水が浅く砲撃力にも優れる掃海艇は、攻撃、防御の両面で貴重な戦力であった。特に国民党軍が導入した欧米の小型砲艇の備砲は8～10センチ砲であったため、12センチ砲を備えた日本の掃海艇は優勢であったのだ。

太平洋戦争の勃発時点で、掃海艇は18隻就役し、第一九号艇は完成直後という陣容であった。太平洋戦争の初期にはフィリピン方面を中心に掃海艇が派遣されているが、本来の掃海任務はさほど発生しなかった。むしろ奇襲の成功による勢力拡張が急であったため全般に艦艇が不足する状況下で、爆雷装備が充実していた掃海艇は、対潜哨戒や護衛、防備任務などに海防艦や駆潜艇と並んで使用されたのである。

また開戦後に就役が始まった第一九号以降の掃海艇は、既述のように備砲の仰角を増して運用の幅が広がっていたこともあり、中国方面で長江沿岸の国民党軍拠点への間接砲撃に重宝された。

この時期、ユニークないきさつで日本海軍に導入されたのが、第一〇一号型掃海艇である。これはもともと香港占領時に鹵獲されたイギリスのバンゴール級掃海艇であった。バンゴール級は戦時急造の掃海艇で、要求仕様さえ満たせばディーゼル、タービン、レシプロなど、使えるエンジンを何でもかき集めて作られたユニークな船である。日本海軍は2隻鹵獲したが、そのうち「テイタム」として建造されていたものを「第一〇一号掃海艇」とした。

もっとも、鹵獲当初は放置されていたものであり、昭和18（1943）年初頭に日本海軍の仕様に準じた改修を受けた。特に兵装の強化が顕著で、76ミリ砲1門と、12・7ミリ機銃1挺だけのところを、8センチ高角砲1門、25ミリ連装機銃2基（後に単装を追加）

日中戦争のさなか、揚子江に進出した第七号掃海艇。江上作戦では掃海艇の兵装は絶大な価値があったが、太平洋戦争勃発後は過酷な南方での戦いに駆り出され、次々と失われていった

に強化、九四式爆雷投射機1基と爆雷36個を追加された。掃海具も充実しているが、本質的に船団護衛を意識した改修であるのが分かる。4月10日に南西方面艦隊第二南遣艦隊第二一特別根拠地隊に編入された「第一〇一号掃海艇」は、8月26日にマニラに進出するまで10回の護衛任務に従事し、5月26日にはスラバヤ沖で敵機と交戦、機雷敷設を阻止している。このように第一〇一号掃海艇は主に南西方面での船団護衛の従事したが、昭和20（1945）年1月12日、「サタ95船団」を護衛中に仏印南部パダラン岬沖で敵機50機の空襲を受けて船団は全滅。この

日本海軍最後の主力掃海艇として建造された第一九型掃海艇。大量建造が計画されたが、竣工したのは17隻のみ。実に15隻が戦没している

時、「第一〇一号掃海艇」も撃沈されたが、戦没するまでの護衛航海は22回を数えていた。他の掃海艇も、戦争中盤以降は概ね第一〇一号と同じようなローテーションで船団護衛を中心とした任務に投入されて、次々に失われたのである。

機雷敷設による日本飢餓作戦

第一号型に始まる高性能掃海艇が本来の任務ではない船団護衛に投入されている一方で、米海軍はソロモン諸島や蘭印などの要地に対して、潜水艦を使った機雷敷設を実施していた。

これが昭和20年になると一気に積極的になる。機雷敷設の目標が日本近海に移り、東京大空襲に象徴される都市部への空襲が一段落した3月27日から、B-29爆撃機による機雷投下が始まったのだ。それも闇雲な敷設ではない。4月は沖縄戦に備えて内地からの増援を阻害するため、広島湾と関門海峡を重点的に狙い、ついで日本の重要産業地域間の遮断を目的として、瀬戸内海全域に目標が広げられた。大半の物流を沿岸航路に頼る日本の海運を麻痺させて、飢餓状態に追い込む戦略が実施されたのである。この時期は日本軍に対処が難しい水圧感応機雷も投入されている。6月になると日本海、太平洋側の主要港も目標とされるようになり、低周波音響機雷も登

場。7月には日本と朝鮮半島を結ぶ航路、港湾が狙われている。瀬戸内海だけでも終戦まで7000個以上が敷設され、終戦までの総投下数は1万1277個を数えている。

こうした戦略的敷設やその数もさることながら、特筆すべきは第二次大戦を通じての機雷の進化である。当初、米軍では機雷開発への関心は低かった。しかしドイツの通商破壊戦を見て方針を転換、イギリスから入手したドイツの磁気感応機雷をコピーしてマーク12機雷を開発する。そして対日戦には機雷戦が有効という判断が下されると、兵器部で攻勢用新型機雷の開発が急がれたのである。

一方、日本海軍も昭和7（1932）年から磁気機雷の研究に着手したが、自国の同型駆逐艦を対象としても磁気分布の不揃いが大きすぎて感度幅を求められず、機雷用の磁気発火装置の開発を断念していた。しかし米軍の機雷の進化に慌てると、昭和20年になってようやく機雷対策に取り組み、5月末には呉海軍工廠内に臨時機雷斑が新設される。しかしこの時点でできることは、陸上に誤投された敵の機雷を分解、調査して対策を探るくらいしかなかった。

これでは、大戦中に65種類の感応機雷を制式化して39種を試し、8種類を日本戦に投入してくるアメリカの物量にはまったく対応できない。磁気・水圧複合感応式や低周波音響機雷のような新型機雷には完全にお手上げであった。

例えば磁気・水圧複合感応式の掃海では、磁気と水圧を同時に加えねばならず、複雑な仕組みの掃海具を必要とした。ところが開発元のアメリカもこの機雷の除去技術は開発できず、戦後は自らの船体で機雷を誘爆させる試航船で物理的に破壊するしかないという代物であった。低周波音響機雷については、日本に海中音響の研究がゼロであったため、対策自体が放棄されている。

だが、そもそもの話として、掃海艦艇の不足こそが日本海軍側の最大の問題であった。

日本掃海部隊の努力と現実

機雷による日本近海封鎖に直面した海軍は、掃海船艇の確保に躍起になった。しかしマル急計画で予定された掃海艇は、昭和18（1943）年3月以降、完成した側から随時護衛任務に投入されていたので、掃海に引き抜くのは難しい。これを解決したのが、木造の戦時急造特務艇である。

これには少し遡っての説明が必要だろう。海軍では日中戦争の時から掃海戦力は不足しており、海軍は徴用漁船を特設掃海艇に割り当てていた。ところが運用成績が好調であったため、海軍ではトロール漁船の設計を流用した簡易型掃海艇である掃海特務艇を投入していた。そして太平洋戦争が始まると各種の特務艇が激増したが、第一号型敷設特務艇と並行して、第一号型掃海特務艇を開発している。これは鋼鉄製の漁船型掃海艇で、マル臨およびマル急計画のもと、昭和17（1942）年から22隻が完成した。ところがこの掃海特務艇は、基準排水量215トン、ディーゼル駆動で、速力9・5ノット、兵装こそ貧弱ながら航洋性に優れていたために、泥縄的に最前線での対潜哨戒や護衛に投入されてしまったのである。

これに代わって本土掃海の最前線に立ったのが駆潜特務艇（駆特）と哨戒特務艇（哨特）であった。駆特は漁船船型の木造船で、排水量122トン、全長29メートル、400馬力の中速ディーゼル1基を搭載し、速力は10ノット、乗員24名という小型船である。装備は7・7ミリ機銃1挺で、後に対空機銃を追加。爆雷投下軌条と22個の爆雷も備えていた。

駆特の建造には全国16ヵ所の造船所が割り当てられ、200隻建造されている。また哨特は駆特の約2倍の大きさの木造船で、乗員数は32名と、相応に装備が強化されていた。しかし哨特の場合、当初280隻の建造予定が、木材の調達が間に合わず、就役は27隻に留まっている。

いずれも木造で曳航能力と発電能力があり、磁気機雷が作動しにくいため、近海掃海にはうってつけであった。もっとも、対潜哨戒が本来の任務であったため掃海設備がない。そこで掃海具の投下と揚収はすべて人力で行わなければならなかった。

駆特掃海の初陣は、先述の昭和20年3月27日、関門海峡にB-29から投下された機雷撤去である。この時、下関防備隊隷下の駆特8隻、徴用漁船10隻が出動している。最終的に日本の四囲の海は機雷に埋め尽くされたが、日米両軍の焦点は関門海峡と瀬戸内海となる。

日本海軍は関門海峡に駆特をかき集め、4月10日に機雷掃海専従部隊として第七艦隊を創設した。第七艦隊は陸軍と協力して電波探知機、探照灯、高射砲を移設して空襲を阻害し、陸上と海上には機雷監視所を設置して、機雷投下位置の確定と航路啓開に努めた。それでも米軍の物量には及ばず、100トン以上の船舶231隻が沈没してしまい、海峡は「船の墓場」と形容されるに至る。

関門海峡に投下された機雷は約5000個で、処分率は37％と記録される。しかしこれは自爆や陸上誤投を含む数字であり、掃海によるものは323個だけ。これが日本の対機雷戦の実態であった。昭和20年中に触雷した駆特、哨特は22隻で、うち駆特6隻、哨特4隻が戦没している。

戦後も続いた残置機雷との戦い

昭和20年8月15日、日本はポツダム宣言を受諾して戦争は終わった。11月30日には海軍省が廃止され、組織としての軍も解隊された。しかし海軍には復員と掃海という任務が残っていた。海軍は第二復員省に改称されたが、以降、復員が終了するまで組織の構成や所属はめまぐるしく変化する。

一方、掃海については、昭和20年9月18日に海軍省軍務局内に掃海部が創設。また地方では10月10日に四ヵ

戦後も掃海任務に就いた第一号型掃海特務艇。船体はトロール漁船そのもので、漁船型掃海艇“漁掃”とも称する。1947年頃から続々と戦勝国へ引き渡されていった（写真提供／平間洋一）

所の鎮守府と大坂、大湊の警備府に地方掃海部を設置。これに連なる掃海支部が組織されて、掃海業務が始まった。発足時の掃海艦艇は海防艦21隻がいたが、主力は駆特、哨特を中心に、曳舟や漁船が充てられた。

掃海を監督する米軍の厳しい要求と、海軍解隊に伴う価値観の変化、そして旧軍への社会の風当たりの強さの中で、掃海は困難を極めた。被害も多く、昭和21（１９４６）年1月25日には、壱岐で駆特二四八号が触雷し、艇長以下14名もの殉職者を出しているが、同様の事故は連日のように発生している。

海上保安庁時代の昭和26（１９５１）年8月20日には掃海船艇に対してＭＳ番号が付与され、以後、掃海船艇は番号で呼ばれるようになった。昭和27（１９５２）年8月に発足した保安庁警備隊の掃海装備は駆特23隻と哨特10隻であったが、これらは海上自衛隊にもそのまま引き継がれ、同掃海部隊の基盤となっている。そして昭和26年12月1日にはＭＳ番号に代わり、駆特には鳥、哨特には島の固有名が与えられた。このうち哨特の命名ルールが、昭和51（１９７６）年から海自の新造掃海艇に継承されている。

掃海部隊は、太平洋戦争の最後の日まで任務に就いただけでなく、戦後の後始末を付けて日本海軍の最後の任務を果たしていた唯一の部隊であった。そして、長らく世界屈指の掃海能力を誇る海上自衛隊への道筋を付けた功労者こそ、旧海軍の掃海部隊と特務艇群なのであった。

第十六章

大戦後半の最前線に立たされた「輸送艦」

アメリカを仮想敵とした日本海軍は、敵艦隊を日本近海に引き寄せ、主力艦隊同士の激突で勝敗を決する短期決戦構想を練っていた。しかし艦隊決戦は起こらず、太平洋の島々を巡る上陸作戦が頻繁に発生したため、日本海軍には上陸戦闘に備えた艦艇が必要となった。この状況変化に、海軍はどう対応したのだろうか。

慌てて整備された高速輸送艦

アメリカとの戦争に際して、日本軍はまず緒戦でフィリピンとグアム島を占領。これを救援する敵主力艦隊を決戦で撃破して、有利な条件で講和するという構想を立てていた。

当然、上陸作戦の支援は海軍の任務となるが、海軍はこれをあくまで陸軍の担当と見なし、陸軍もこれを受け入れて、戦時の軍隊輸送や補給任務には民間企業からの徴用船を充てようとした。ただし実地訓練や研究も必要であるため、陸軍は海軍の協力の下に揚陸艦（上陸用舟艇母艦）の「神州丸」を建造していた。このように、戦前の日本海軍には上陸作戦用の軍用輸送船を用意するという発想はなかった。

状況が変化したのは昭和15（1940）年のこと。フランス、オランダがドイツに敗れたことで、両国のアジア植民地が軍事的空白地帯となったことによる。当時、海軍は独自の南進構想を持っていたが、突然好都合な状況が生じたため、海軍は陸戦隊や空挺部隊を強化すると同時に、「哨戒艇」の整備に着手したのである。

哨戒＝パトロールという名称ながら、その正体は上陸作戦に使用する高速輸送艦であり、古くなった駆逐艦の兵装を撤去して、兵員と装備一式を搭載するというもの。峯風型駆逐艦を改造した第一号型哨戒艇と、樅型、若竹型駆逐艦を改造した第三一号型哨戒艇が開発された。どちらも戦車や重砲は搭載できないが、第一号型哨戒艇であれば兵員250名と大発2隻を搭載可能であり、迅速に兵力を展開する能力を期待されたのだ。

もっとも、これが形になる前に太平洋戦争が始まったため、哨戒艇の確保は立ち消えとなり、第一号型が2隻と第三一号型が9隻完成しただけであったが、小規模部隊による奇襲作戦や危険度の高い地域への兵力の緊急輸送に役立てられた。

このような哨戒艇の活躍の一方で、太平洋戦争では戦争の行方を決めるような決戦は起こらず、昭和17

（1942）年8月には、海軍が想定していない攻勢限界付近での攻防戦となるガダルカナル島攻防戦に突入してしまった。

　ガ島のヘンダーソン飛行場は米軍の支配下にあり、第二次ソロモン海戦、南太平洋海戦と二度の空母機動部隊の戦いでも決着しなかったため、航空優勢は米軍側にあった。この状況下、鈍足の徴用輸送船は敵航空機に次々と撃沈されてしまう。苦肉の策として駆逐艦を投入しての鼠輸送が実施されたが、輸送量が小さくて大型機材が運べず、なにより駆逐艦に損害が続出して、肝心の海軍作戦に支障を来す懸念が生じてしまう。

　このような戦局の要請によって、昭和18（1943）年に建造が決まったのが一等および二等輸送艦である。

　一等輸送艦は当初は特務艦として区分され、特務艦特型あるいは短縮して「特々」と呼ばれていた輸送艦であり、特定の艦名は持たず建造順に第○号輸送艦と命名された。このため第一号型輸送艦とも呼ばれる。そして昭和19（1944）年2月に輸送艦という艦種が制定された際に、一等輸送艦として総称されるようになった。したがって第一号型輸送艦と一等輸送艦は同じ艦種を指している。

陸軍が海軍の協力の下に建造した揚陸艦、「神州丸」。後の強襲揚陸艦にも通じるコンセプトだったが、日本はその価値を最大限活用する見識を持たなかった

ガダルカナル島の海岸に擱座、遺棄された輸送船「山月丸」。ガ島の戦いでは多くの輸送船が失われ、日本はようやく高速輸送艦の必要性に気づくことになる

　二等輸送艦は戦車など車輌の運搬と着上陸に適した特殊な形状の船で、連合軍の戦車揚陸艦に相当する。材料は陸軍が供与、海軍が建造する代わりに、完成した船は陸海軍で折半して運用することとなり、SB艇と呼ばれていた。こちらは昭和19年9月に二等輸送艦として艦種類

別を受けた。

このように輸送艦の名称が確立したのは戦争末期であったが、本稿では以後、一等および二等輸送艦の名称に統一する。

一等輸送艦に求められた能力

一等輸送艦は敵航空優勢下を突破して、最前線に強行補給するという、高速輸送艦としての要求を満たす必要があった。また副次的な任務としては船団と行動を共にする護衛艦としての役割も期待された。これを両立させるため、丁型駆逐艦、すなわち松型駆逐艦の設計が流用された。一等輸送艦の要求仕様は次のようになっていた。

- **基準排水量：1500トン**
- **速力：23ノット**
- **航続距離：18ノット／3500海里**
- **兵装：12センチまたは12・7センチ高角砲2門、25ミリ三連装機銃3基、爆雷36個**
- **補給物資の搭載能力約200トン／大発2隻**

松型はもともと対空、対潜能力が強化されていたし、小発動艇（小発）を搭載して、ある程度の輸送能力も有していた。しかし輸送艦としては積載量が足りないので、一軸化して浮いた機関のスペースに貨物と大発（大発動艇）を搭載する設計とした。また艦尾にスロープが設けられていて、野砲を積載できる大発や水陸両用戦

艦尾のスロープが特徴的な一等輸送艦。このスロープによって、大発や甲標的を海水面に滑り降ろすことができた

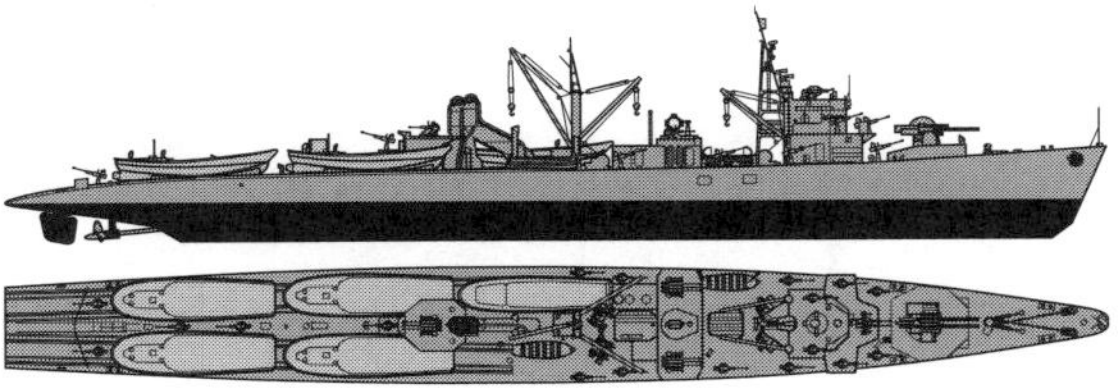

一等輸送艦
イラスト／田村紀雄

車である特内火艇の発進を容易にしていた。

ただし上甲板をスロープにするなど艦型が複雑になる一方で、生産性も重視されたので、船体はブロック建造方式を採用して、電気溶接を多用。艦内も防水区画を大区画にして隔壁を最小限に抑えつつ、乾舷が低い艦尾は水密区画を増やすなど、メリハリを付けた設計となった。

機関、兵装は取得性を重視して松型と同じロ号艦本缶を2基、主機は艦本式タービン1基となり、航続距離は３７００海里（約６８５０キロメートル）で、これは松型の３５００海里を上回る。兵装も松型と同じ八九式12・7センチ連装高角砲である。また機銃は三連装を３基という要求であったが、第一号輸送艦の竣工時点で連装1基、単装4基を追加。最終的には25ミリ単装機銃が15基に増加し、13ミリ単装機銃も5基搭載している。上構のスペースに詰めるだけ積んだ形だが、増量分の弾薬と機銃操作員、弾薬運搬員の増加で艦の居住性の悪化は避けられなかった。

また対潜装備も充実していて、水測兵器に九三式探信儀、九三式水中聴音機が標準装備であったが、これは同型艦の増加にしたがい、新型の三式探信儀や四式水中聴音機に変更された。爆雷も当初は投下軌条（レール）1基、爆雷18個で計画が進んだが、爆雷投下台4基を追加、搭載爆雷数も最大50個まで増加している。さらに艦尾上甲板の軌条は大発や甲標的の泛水《はんすい》（海面などに滑り落として浮かべること）だけでな

昭和19年12月末、硫黄島へ物資輸送を行う第七号輸送艦。このとき本艦は米駆逐艦と交戦、撃沈されている。一等輸送艦は優秀な性能を有する輸送艦だったが、すでに戦局は本艦が華々しく活躍できる段階を過ぎていた

く機雷の敷設にも使用できた。

一等輸送艦の戦歴

最初の一等輸送艦となる第一号輸送艦は昭和18年11月5日に三菱重工横浜造船所で起工され、昭和19年5月に竣工した。一等輸送艦の建造計画数は46隻で、終戦までに21隻竣工している。

輸送艦としての能力は優秀であった。艦橋と缶室の間の船体に前後2ヵ所に貨物の出し入れ口があり、1025平方メートルの船倉にはチェーン・コンベア式の揚貨装置が据えられた。また荷役用には5トン級デリックが4基と13トン級が1基、5トンの蒸気式揚貨機も4基用意された。

両舷の上甲板には、缶室付近から二本の軌条が設けられ、左右2席ずつ大発を搭載可能であった。艦尾のブルワーク（上甲板に設けられる波の侵入を防ぐ囲い）は着脱式で、取り外せばそのまま軌条から大発を泛水できた。最終的に一等輸送艦は大発を4隻とその燃料50トンのほか、貨物となる補給物件を260トン積載できた。

しかし戦局は急速に悪化し、第一号輸送艦の起工から間もない頃、ギルバート諸島のマキン、タラワが陥落。進水した直後にはトラック島が空母機動部隊の攻撃に

よって壊滅し、事実上放棄された。竣工の翌月にはアメリカ軍がサイパン島に上陸し、続くマリアナ沖海戦で日本の機動部隊は事実上壊滅してしまう。つまり拮抗している戦況下で要地に増援や物資を送り込むという一等輸送艦の存在理由が消失しかけていたのである。

これにともない、一等輸送艦には攻撃任務も追加された。昭和19年8月に竣工した第五号艦では甲標的の発進試験が行われ、10ノットでの航行中に発進させられることを証明した。

海軍では、この一等輸送艦と二等輸送艦とを併せ、輸送専門部隊となる輸送戦隊を2個編成して、フィリピン方面を中心に、完成した側から次々に投入していた。しかし敵の航空優勢下、潜水艦も跋扈する海域での任務で、ほとんどの輸送艦が戦没の憂き目を見ている。

それでも殊勲の働きを見せた艦もある。例えば第九号輸送艦は昭和19年10月11日に第一〇号輸送艦とともに呉を出撃し、各々2隻の甲標的を積んでフィリピンのマニラに向かった。そして10月20日に米軍がレイテ島に上陸を開始すると、第九号艦はレイテ島への輸送作戦（多号作戦）に6度も参加して、うち4度の輸送任務を成功させた。

12月には駆逐艦4隻を含む小艦隊と交戦して生き延び、香港を経由して物資を満載し、佐世保に帰投した。2月には横須賀に回航されて小笠原方面への物資輸送に従事、なんと12回もの任務に成功しているのは、例外的な強運といえよう。そして特攻兵器「海龍」を九州の佐伯まで運んだのを最後の任務として終戦を迎えたのであった。

第九号艦の戦いは戦後も続く。アメリカに賠償艦として引き渡された後、太平洋漁業に貸し出され、捕鯨船に転用されたのだ。艦尾のスロープが捕鯨に役立つと期待されたのである。捕鯨母船として国民の飢えを救う食糧輸送に従事したことで、ある意味輸送艦としての任務を全うしたと評すべきだろう。

また甲標的の運用実績を受けて、第一八号艦は特攻兵器「回天」の輸送に投入された。しかし昭和20（1945）年3月16日に「回天」8隻を積んで佐世保を出港、沖縄に向かう途中を米潜水艦に襲われて撃沈され、艦長の大槻勝大尉以下225名の乗員が全員戦死。また回天搭乗予定の第一回天隊要員全員も運命を共にする悲劇に終わった。

二等輸送艦の開発と建造

一等輸送艦が敵勢力圏内での汎用的な輸送能力を求められていたのに対して、二等輸送艦にカテゴライズされたＳＢ艇は、戦術的な逆上陸作戦に特化した輸送艦であった。開発時のＳＢ艇という名称は戦車の「Ｓ」と、海軍の徴用船を意味する「Ｂ」（陸軍なら「Ａ」となる）の組み合わせで、海軍設計の戦車揚陸艦という意味であった。揚陸地点に直接擱座して、戦車や兵員、重機、物資を迅速に揚陸するのが狙いである。

日本陸軍は世界に先駆けてこうした用途に適した大発を開発していたが、ＳＢ艇は一層の大型化と揚陸能力を要する船であったため、同盟国ドイツ経由で連合軍が北アフリカ上陸作戦に使用した戦車揚陸艇「ＬＣＴ Mk.５」の設計資料を入手し、これをベースに開発されることとなった。ＳＢ艇の要求仕様は以下のとおり。

・基準排水量：９５０トン
・航続距離：16ノット／３０００海里
・兵装：８センチ単装高角砲１基、25ミリ三連装機銃２基
・搭載能力：中戦車13両ないし兵員２００名

新型艦艇に何かと要求を増やす傾向のある海軍にしては珍しく、北方での運用を想定せず南方専用とし、かつ外洋航行は晴天時のみで、荒天時は沿岸航行での運用とすることで設計を簡略化して、建造速度を優先したのである。ただし一等輸送艦と同様に、対空兵装は可能な限り強化するものとされた。

戦前に開発した大発では、航洋性と凌波性を持たせるために艦首部を観音開きとしていたが、ＳＢ艇は揚陸用導板を兼ねた一枚板を採用、直線を多用した箱形船体となった。接岸時には揚陸用導板を倒して接岸擱座（ビーチング）させ、車両や兵員の上陸用スロープとするのである。

スロープは浸水しないよう艦内に向かって最大23度の傾斜が保たれ、上甲板と船倉は通常は水密隔壁を兼ね

艦首をバウランプとした二等輸送艦。艦首から海岸にビーチングすることで車両や兵員を揚陸することができる

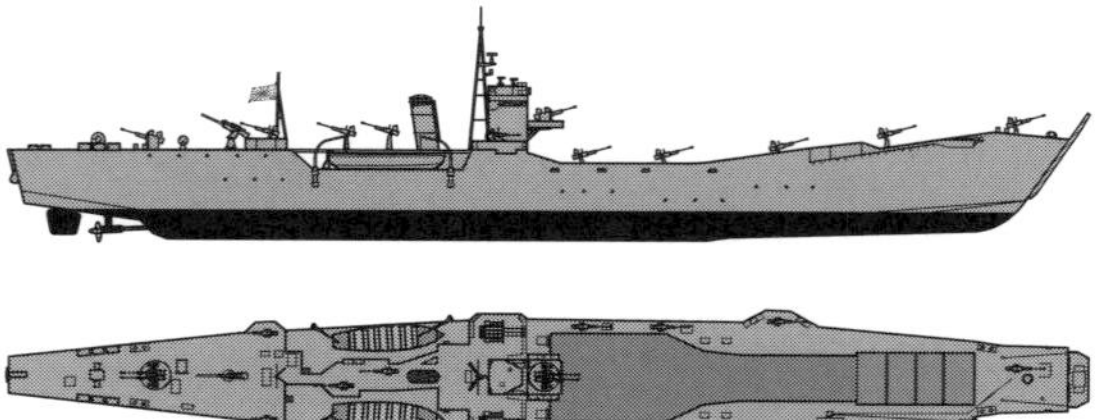

二等輸送艦
イラスト／田村紀雄

た内扉で塞がれている。そして揚陸時はまず船倉内の戦車などがスロープから外に出て、次に内扉が降ろされてスロープと接続し、上甲板上の戦車が内扉からスロープをたどり揚陸されるのである。

ビーチングした船を離岸させる際は、主機関を逆転後進するとともに、艦尾の主錨を使用する。これはビーチングの手前２００メートルほどで錨を落としておき、離岸時に後部揚錨機で巻き上げて、後進力の補助とするのである。

ＳＢ艇の主機主缶は、小出力ボイラーとして開発されたホ号艦本式重油専焼缶を2基と、戦時標準船用に開発された艦本式甲二五型単段式タービンという割り切った仕様であった。しかし実際は生産が追いつかず、最初の6隻はディーゼルエンジンを3基搭載して間に合わせたものであり、これはＳＢ（Ｄ）艇として区別される。

二等輸送艦の運用と戦い

二等輸送艦は当初63隻の建造が計画されて、昭和19年2月に第百一号から第百六十三号特設輸送艦と命名された。第百一号艦の起工は昭和18年12月1日、進水は昭和19年1月25日、竣工は同3月8日であった。一等輸送艦以上にブロック工法を積極的に採り入れたため完成が早かった。

最初に建造されたＳＢ（Ｄ）艇による各種試験の結果は良好であり、春にはタービン搭載のＳＢ（Ｔ）型も順次竣工。6月1日には陸軍への引き渡しも始まり、南方方面と本土離島への陸軍装備の輸送に投入された。二等輸送艦の最終的な建造数は69隻で、陸軍には未完成も含めて35隻が分配された。しかし陸軍にはこの運用に割り当てられる人員が足りず、22隻を使用するのみで残りは海軍に返還している。

だが二等輸送艦でも、戦況の悪化が当初の運用案を狂わせてしまう。二等輸送艦の任務は晴天を選んでいられる状況ではなくなり、むしろ敵の攻撃を避けるために荒天を突いての航行さえ余儀なくされる。その結果、硫黄島への輸送時に船体の深刻な破損が認められて、補強が必要となり、積載量も兵員１２０名と物資20トンにまで制限されてしまった。確かに最前線まで進出できればビーチングで貨物を揚収できる便利な船であったが、航洋性の悪さが徒となり、揚陸以前に航行自体が難しくなっていたのである。

それでもフィリピン戦線では島嶼間の輸送に活躍。レイテ島に物資を運ぶ多号作戦ではかなりの犠牲を払いながらも、数次にわたり物資の輸送に成功した。特に12月11日に実施された第九次多号作戦では第一四〇号、第一五九号の二隻が海軍陸戦隊４００名と、特二式内火艇10両の輸送に成功している。

輸送艦から見える問題点

日本海軍の輸送艦はガ島攻防戦の戦訓から開発されたため、戦力化した頃には本来の揚陸艦としての能力を発揮できる場面が失われていた。それでも対空、対潜能力に優れていた一等輸送艦は、船団護衛や物資輸送に有益であると期待できた。惜しむらくは五月雨式の投入であったため、戦局を大きく変えるような働きには結びつかなかったことである。

ないものねだりになってしまうのは承知だが、もし太平洋戦争の前に一等、二等輸送艦が各100隻ほど準備されていて、陸軍の準備も充分であったら戦況は変わっていたかも知れない。開戦劈頭のウェーク島攻略に手こずることもなく、ガ島攻防戦でも、海軍は駆逐艦の損耗を抑えつつ、一層効率的に補給物資を輸送できただろう。結果として陸軍の継戦能力も高まり、「餓島」と呼ばれるような戦いは避けられたかも知れない。

しかし、こうした敵前上陸作戦を成功させるには陸海軍の密接な協力関係はもちろん、上陸作戦に特化した戦術とドクトリンの確立、そして充分な訓練が不可欠であった。アメリカの場合、こうした上陸作戦の専門部隊として海兵隊が独立して存在し、独自の舟艇を持つだけでなく、海軍と一体化して作戦を遂行できるようになっていた。それでもタラワやサイパン、パラオ、そして硫黄島ではそのつど多大な犠牲を強いられ、常に戦訓を採り入れて上陸作戦の中身をアップデートしなければならなかった。

米海兵隊のそれを日本軍にそっくり当てはめるわけにはいかないが、いくら優秀な輸送艦を揃えても、それだけで上陸作戦を含む島嶼部の戦いを有利に運ぶのは、極めて困難であったことは間違いない。

輸送艦は、同じ時期に大量に導入された海防艦と並び、もっとも激しく難しい任務に投入された。しかしこれほど重要な任務であるにもかかわらず、ごく例外を除けば、配属された士官に海軍兵学校出身者はおらず、すべて商船学校出身の予備仕官であった。純粋な海軍軍人は、彼らを補佐する特務士官と兵上がりの准士官くらいであり、その補充となっていたのは、昭和19年後半からは学徒出陣で促成された予備少尉であった。

このような人事的瑕疵の下で、大戦末期に輸送艦が多大な犠牲を強いられていたという実態は、決して忘れてはならないだろう。

第十七章

連合艦隊を支えた特務艦 その1
「給油艦」「給糧艦」「給兵艦」

連合艦隊が戦闘力を発揮するには、多数の支援艦艇、すなわち特務艦が不可欠であった。その任務は連合艦隊に帯同しての給油や給糧に始まり、艦隊訓練の支援や、軍港間の輸送や軍需品となる重油の輸送、陸戦隊や傷病兵の移送だけでなく、時には沿岸、港湾警備にも従事した。本章ではそんな特務艦のあらましを確認する。

艦隊行動の原動力となる給油艦

明治に発足した日本海軍の艦艇には、最初、軍艦と運送船という分類しかなかった。しかし海軍の規模と任務が拡大するにつれてさまざまな役割の船が特務船の名で軍に加えられた。これが大正9（1920）年の「艦艇類別標準」改正により、特務艦艇として独立分類されるようになる。

特務艦と特務艇の違いは、艦のスペックや大きさではなく運用環境による。特務艦は艦隊を支援するための船で、航洋性が求められる。これに対して特務艇は港湾防備や鎮守府での雑役が主体なので、結果として小型船が多くなった。

こうして新たに分類された特務艦は、当初は運送艦と工作艦の二種類だけであった。このうち運送艦は用途によって給兵、給炭、給油、雑役の四種類に細分化されていて、これに給糧艦が加えられた。

運送艦のメインボリュームは給炭艦と給油艦であった。八八艦隊の整備に邁進していた時期には、艦隊の近代化が一気に進んで給油艦、いわゆるオイルタンカーの需要が激増したからだ。当時はまだ民間タンカーが非常に少なかったため、艦隊補給だけでなく輸入原油を各軍港や貯油所に輸送するにも、軍は自前で給油艦を用意しなければならなかったのである。なお給油艦はただのタンカーではない。海軍の給油艦は、航行中の艦艇に対する洋上給油設備を備えるのが基本であり、縦曳き、横曳き、斜め曳き、逆曳きなど、さまざまな方法で洋上給油できるようになっていた。

ただし軍用とは言っても、給油艦を代表とする運送艦の設計は貨物船やタンカーなど民間商船式の構造や機関を採用するのがもっぱらであり、船舶安全法規や船級協会などの民間船舶の規定に準じて建造された。また商船を購入、あるいは徴用して特設艦として運用することも多かった。

機動部隊を補助する艦上機搭載給油艦

タンカーと構造が同じ給油艦は上甲板がフラットであるため、空母と形が似ている。日本海軍ではこれに艦上機搭載能力を与えて、出撃プラットフォームとする案が浮上した。昭和17（1942）年6月のミッドウェー海戦に大敗した日本海軍は、空母および洋上航空戦力の再建に狂奔するが、その対象として第五次海軍軍備充実計画（㊄計画）で建造が決まっていた風早型給油艦に艦上機を搭載させようという動きが起こるのである。これはアメリカが商船改造の簡易空母（カサブランカ級）を大量建造中という情報を掴んでいたことへの対応も兼ねていた。

具体的には改㊄計画と(急)計画（戦時艦船急速建造計画）で建造予定の給油艦を対象とする。最上甲板を発進甲板に改造して、艦上爆撃機を搭載、発進させる能力を与えるというものであった。

これは艦尾主砲塔二基を撤去して射出甲板に改造し、艦爆の発進能力を与えた、いわゆる伊勢型戦艦の航空戦艦化と似ているように見える。しかし伊勢型があくまで艦爆の作戦機運用を考えていたのに対して、改造給油艦では爆装機を発艦させる能力がない。おそらくは戦場の後方にいて1隻あたり6～14機の艦爆を搭載し、前線の空母に迅速に補充する役割が期待されていたのだろう。

昭和19年8月19日、米海軍の潜水艦ブルーフィッシュの雷撃により沈みゆく給油艦「速吸」。本艦の写真はほとんど残されていない

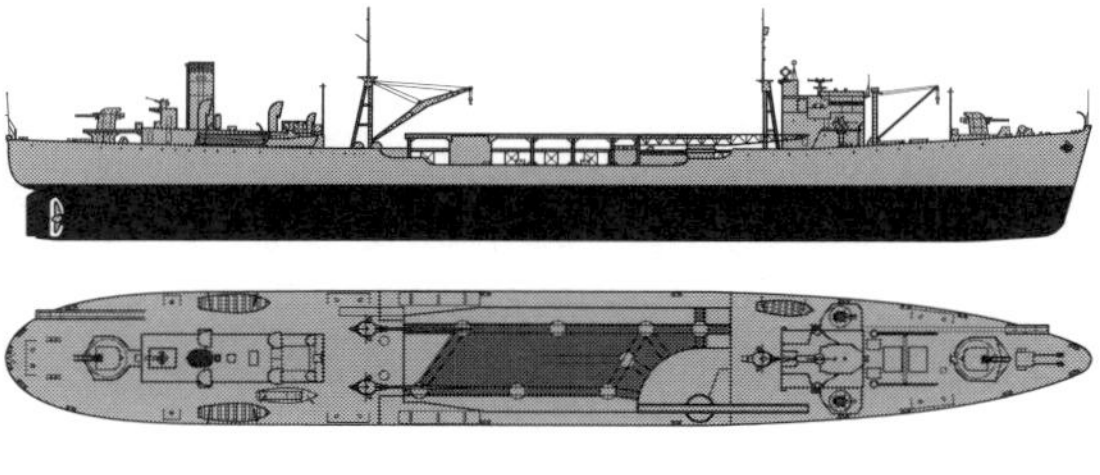

給油艦「速吸」
イラスト／田村紀雄

しかし当初は改㊄計画のうちの輸送艦15隻が改造対象となっていたが、戦局の悪化により昭和18（1943）年8月に給油艦の建造が中止となる。この結果、同年2月に起工されていた1隻のみ艦上機搭載給油艦「速吸」として建造されることとなり、昭和19（1944）年4月に就役したのである。

「速吸」には船体中央に配置されていた重油タンクの上面を覆うように射出甲板が設置されていた。ここには艦爆6機を搭載可能で、両舷側の軌条を使い、射出機まで移動して発進する。形状は異なるが、原理は伊勢型の射出方式と同じであった。

「速吸」の初陣は同年6月のマリアナ沖海戦で、第一補給部隊の旗艦を務めていたが、搭載機は零式水上偵察機であり、艦爆補充の役割は満たせていなかった。そして作戦中に、「速吸」は敵攻撃からの退避中に艦橋後部付近に直撃弾1発を受け、搭載していた水偵が炎上、死傷者13名を出したが、艦は生還した。しかし8月19日に船団護衛中を潜水艦に襲われて撃沈されてしまう。この時も水上偵察機1機を搭載していたが、ついに航空機運用は適わなかったようだ。

空母化を期待された油槽船特TL型

「速吸」のような艦隊戦の補助を想定した船は、ある程度の数が揃ってようやく戦力としての計算が立つ。だが船団護衛であれば集中運用は必要なく、また艦載機もそれほど高性能を必要としない。昭和18年になると陸軍は、そのような性能の船団護衛用空母の建造を海軍に求めたが、調整は不調に終わる。そこで陸軍の揚陸艦「あきつ丸」に三式指揮連絡機（キ76）の発着設備を追加した改造護送空母でお茶を濁す状態であった。

しかし戦況悪化の中での輸送船団の損害は甚大であり、昭和19年3月に陸軍は戦時標準船の護送空母化を提案した。これは少し説明を要する。

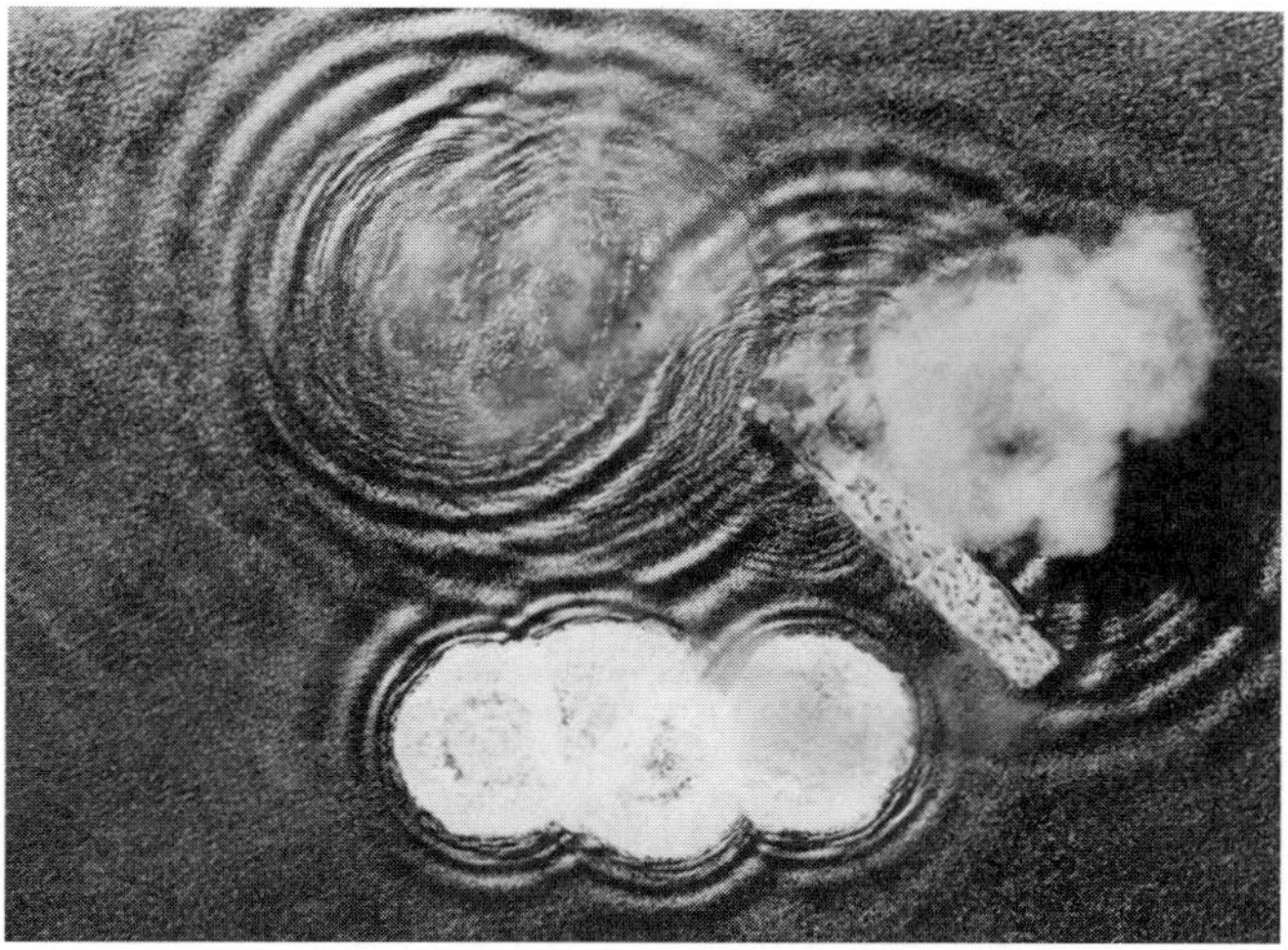

昭和20年7月24日、空母ヴィクトリアスから発艦した艦上機の攻撃を受ける「しまね丸」。この空襲で船体が折れ、大破着底した（Photo/IWM）

日本では昭和12（１９３７）年から海上輸送力の増強策として、戦時標準船の建造に着手していた。これは耐久性、航海速力、信頼性などに妥協しつつも、資材の節約を優先して建造された船で、三練成レシプロエンジンを搭載したA～D型貨物船（１８２０～９３００総トン）、ディーゼル搭載の小型貨物船のE～F型、５０００トン級の鉱石運搬船であるK型、蒸気タービンを搭載して高速性を持たせた1万トン級油槽船のTL型と、同５０００トン級のTM型、同１０００トン級でレシプロエンジンのTS型があった。これらは建造時期により第四次までの計画があり、例えば2TL型は第二次戦時標準船の1万トン級油槽船ということになる。

このうち蒸気タービンを採用した優速のTL型に陸軍は目を付け、艦上機運用能力を与えようと考えたのである。これを受けて海軍は2隻の2TL型を陸軍向けの空母として改装する決定をしたが、海軍も同様の船を2隻取得することとした。ただし海軍は陸軍より優速高性能な1TL型を用いるものとして、「特TL型」の名で改装に着手されたのであった。

この時、海軍が特TL型に求めた役割は護衛空母ではなく、簡易空母のそれであった。まず艦上戦闘機を運用可能な空母として建造し、艦爆の発艦と格納の可能性も検討するという計画である。昭和19年夏には発艦補助用ロケット

戦後撮影された「しまね丸」。前甲板は大きく破壊されている。マストには一三号電探を装備しているのが分かる

の実用化に目処が付いており、これと併用すれば特ＴＬでも十数機の空母艦上機が運用可能と見積もられていた。

比較的短期間で建造できることから、空母増勢の形を整えることができるとの期待もふくらみ、艦政本部では計画中の新型高速船である４ＴＬ型についても空母化を決め、１ＴＬ型と４ＴＬ型をそれぞれ１隻、空母として完成させ、昭和20（１９４５）年度からは適宜４ＴＬ型を空母に改装するという方針を打ち出した。建造中の雲龍型空母の作業ペースを落としてでも、特ＴＬ型に注力することとなったのである。

もっとも完成した特ＴＬ型は昭和19年6月起工の「しまね丸」のみであり、完成直後の3月には神戸空襲に遭遇し、7月の空襲により船体が折れて大破着底を強いられた。なお陸軍向けの特2ＴＬ型も結局は未完成に終わり、戦後に1隻は「千種丸」の名でタンカーとして就役したのであった。

連合艦隊の胃袋を握った給糧艦

大正9年8月の議会承認によって八八艦隊計画は完成への道筋が付いたが、この時に初めて給糧艦の建造も決定した。規模が拡大して活動海域が広がる艦隊に随伴し、戦時には前方拠点に進出した艦隊に食糧を供給する役割が期待されたのである。ところが直後のワシントン海軍軍縮条約締結によって八八艦隊構想は消滅し、これに連動して特務艦艇の新設も縮小する中で、給糧艦の建造は生き残った。これが給糧艦「間宮」である。船体は商船式で、基準排水量は1万5820トンという大型船であるが、船倉にはタンカーや貨物船のような大きな空洞はなく、デッキ上層は倉庫、後部のウェル下部には冷凍冷蔵倉庫が集中する形で、各種倉庫と作業場で細分化されていた。炊飯ばかりでなく、製パンや豆腐やこんにゃくの製造設備に加え、新鮮な肉を供給するために畜牛を最大50頭飼育できるスペースも用意されていた。

給糧艦としての能力は最大1万8000人が3週間活動できるだけの糧食を支援可能というもの。また一般的な食事だけでなく、菓子などの嗜好品の生産設備も充実していて、アイスクリーム、羊羹、最中、饅頭、ラムネなども製造できた。これらを製造する民間の職人も多数軍属として乗艦していたが、「間宮羊羹」の味が忘れられないという下士官兵の体験談は多い。また士官用設備も充実していたので、艦隊士官のクラス会にも使用された。

これだけでも充分であるが、全般的に前線付近に進出する特務艦が少ない海軍では、給糧以外の任務も期待され、「間宮」の上甲板には補充用の水上機繋止場も設けられていた。

また病院船としての能力も求められ、医務関

給糧艦「間宮」は開戦以来最前線と内地を頻々と行き来して補給物資を届けた。海軍将兵にとってアイドルのような艦であり、戦後も郷愁とともに語られている

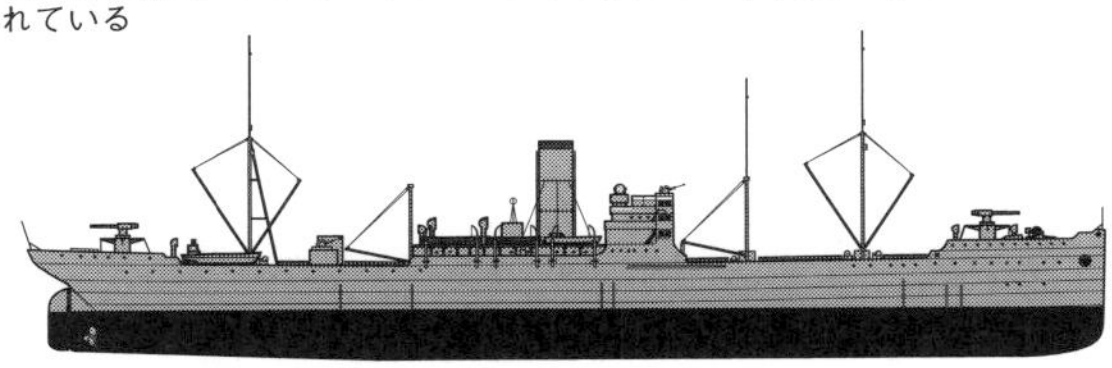

給糧艦「間宮」
イラスト／田村紀雄

係の設備と人員の充実度は連合艦隊でも随一のものとなった。治療という発想は艦艇にもおよび、工作機械と設備も搭載していたので、一定レベルの修理も可能であったほか、艦砲標的を使って標的艦の代役を務めることもあった。入浴設備も大きかったので、作業地では駆逐艦や潜水艦の母艦を代行している。

さらには艦隊の無線検知も重要な任務であり、艦隊の無線電波漏洩の取り締まりにあたっている。「間宮」から呼び出しを受けて喜ぶのも束の間、不用意な無線漏洩で艦長や担当士官が譴責されるという場面もあり、「間宮」の存在は喜びであると同時に緊張をはらむものであったという。

「間宮」の就役は大正13（1924）年7月15日であったが、記述のように有用性が極めて高く、艦隊が大演習で泊地を分けた際の支援に格差が生じることが指摘され始めると、給糧艦の増勢が求められた。さらに「間宮」がドック入りした際に連合艦隊の補給に重大な支障が生じた事から、昭和13（1938）年度の計画で給糧艦1隻が予算計上された。これが太平洋戦争開始直前に就役した「伊良湖」である。基準排水量では1万トンに満たない大きさであったが、冷凍冷蔵設備が新しく、生鮮食品の補給能力では「間宮」を上回り、比較しての能力は「間宮」の九割に及ぶとされた新鋭艦となった。

南方と内地を往復した「間宮」の戦歴

太平洋戦争の開戦直後、マレー、フィリピン攻略の支援として、「間宮」はパラオに向けて出撃した。しかしこの船の補給能力を以てしても、攻勢時の海軍の物資消費は莫大で、早くも翌年1月3日には内地に戻らねばならず、物資を充填して呉を再出港したのは1月25日であった。今回ではパラオ、ダバオ、高雄、蘭印のタラカンと巡り、4月上旬に呉に帰投している。

次の「間宮」の派遣先はトラック島であった。ソロモン諸島、ニューギニア方面への攻勢を支援するためであったが、ミッドウェーでの大敗以降、この方面での攻防が太平洋戦争の焦点となる。「間宮」も内地とトラックの往復が中心となり翌年9月までの約1年半の間に10度も往復もしているのだから、トラックへの「間宮」入泊を喜んだという戦記、体験談が多いのも当然だろう。当初「間宮」は独航で任務に就いていたが、やがて戦況が悪化すると、船団を組むようになった。

昭和18年10月9日、横須賀を出港した「間宮」は第三〇〇九甲船団とともにトラックに向かったが、12日未明、父島南西約３００海里付近で米潜水艦「セロ」に攻撃されて航行不能となった。しかし連合艦隊司令部の取り計らいで厳重に護衛された状態で曳航され、呉に帰着することができた。修理には半年以上を要したが、昭和19年3月18日にはマリアナ諸島とパラオ方面への輸送に参加。5月に帰国船団に合流して門司に向かう途中、五島列島沖で再び潜水艦の伏撃を受けて損傷する。

佐世保で修理を受けた「間宮」は、今度はサイゴン方面への輸送に従事したが、12月20日、サイゴンからマニラに向かう途中を潜水艦「シーライオン（Ⅱ）」に攻撃されてしまう。最初の雷撃で「間宮」には6本中4本が命中したとされ、航行不能となったが、まだ沈んではいなかった。しかし爆雷攻撃をかわした敵潜は約2時間半後に再び「間宮」に3本の魚雷を発射、うち2本が命中して、ついに「間宮」は沈没したのであった。

なお「間宮」同様に開戦以来、八面六臂の活躍をしていた「伊良湖」も、昭和19年9月24日、フィリピンのコロン湾に在泊しているところを米艦載機群の空襲に遭って大破し、放棄されている。

太平洋戦争中、日本海軍は「間宮」「伊良湖」のほか、5隻の小型給糧艦を投入したが、当然、広大な戦域に対して数が少なく、水産会社の冷凍船など36隻が給糧用に徴用されている。一方、アメリカ海軍は開戦時点で給糧艦に相当する艦艇を14隻保有しており、開戦後の需要増に応じて急造して、最終的にその数は63隻に達している。

大和型戦艦建造に不可欠な給兵艦

運送艦には給兵艦という特務艦艇も属していた。海軍艦艇における「兵」とは、兵士ではなくて兵器、つまり武器弾薬の運搬を任務とする船という意味である。

日本海軍では正式な給兵艦は「樫野」1隻しか建造されなかったが、この「樫野」は大和型戦艦の建造を補助するために作られた、極めて特殊な艦艇であった。

大和型戦艦の船体は呉海軍工廠のような造船所で建造されるが、艦の艤装や機械、積載する装備品の多くは別の場所で作られる。戦艦の船体は呉だけでなく、例えば横須賀や三菱長崎でも建造可能であるが、これに搭載する主砲が作れるのは呉工廠だけである。そしてこのような大型部材の多くは洋上輸送しなければならなかった。実際、長門型船艦の40センチ砲と関連部材は給油艦「知床」で運ばれている。しかし大和型の46センチ主砲ともなると砲身重量が1本165トン、砲塔主要部の重量は2150トンにもなり、既存の船では運搬できない。そこで、これを輸送するために建造されたのが「樫野」であった。

トラック島の泊地に停泊する給糧艦「間宮」。太平洋戦争開戦以来南方と内地を頻々と行き来し、前線の将兵に多くの恵みをもたらした

三菱重工業長崎造船所で建造された「樫野」は、用途に合わせてかなり特異な構造と

なっている。艦首と艦橋の間に大きな方形の開口部を有する第一船倉があり、ここには外部のクレーンで持ち上げた砲身を直接船倉に降ろせるようになっていて、船倉内には46センチ砲の砲身が3本搭載できた。また艦中央に設けられた艦橋の背後には、砲塔を収容するための円形開口部の船倉があり、艦尾に近い部分に煙突が設けられていた。もし真上から見れば、艦の軸線に沿って大きな孔が三箇所空いているように見える、特徴的な外見の船であった。しかし「樫野」については艦全体をとらえた写真が一枚も存在せず、今なお多くの謎が残っている。

昭和15（1940）年7月10日に就役した「樫野」は呉鎮守府所属となり、昭和16（1941）年10月3日、戦艦「武蔵」用の主砲などを積んで10月5日に長崎に到着。砲身、砲塔、装甲部材を納入後、同月16日に呉に帰投した。これを同年11月まで3度繰り返して、戦艦「武蔵」建造の支援任務を終えたのである。

本来であれば「樫野」は横須賀で建造中の戦艦「信濃」や、未着工の大和型四番艦の建造に際して同様の任務に就くはずであったが、太平洋戦争の勃発により「信濃」の建造予定が遅延したので、当面、「樫野」は運送艦として使用されることになった。ただし船倉の開口部が大きすぎるため、貨物の内容に応じて鉄板で仮の蓋を作っていたようだ。

昭和17年2月16日、軍需品を満載した「樫野」は八幡から海南島に向かい、復路は鉄鉱石を満載して呉に帰投した。以降も内地輸送と南方輸送に従事して、貴重な鉱物資源を輸送している。

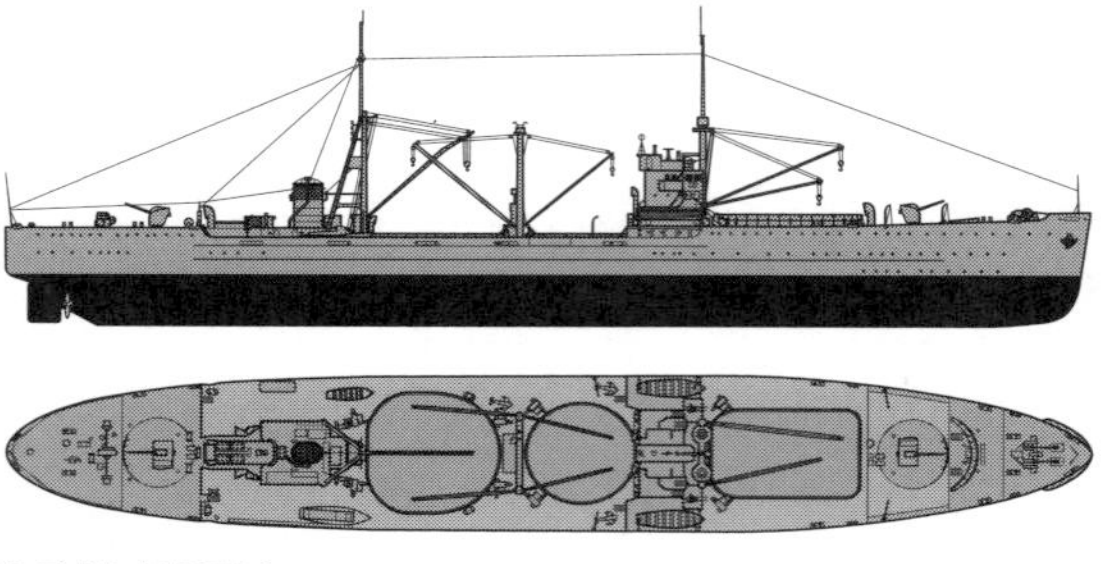

給兵艦「樫野」
イラスト／田村紀雄

しかし「樫野」の活躍は長くは続かなかった。昭和17年8月25日、セレベス（スラウェシ）島ポマラを出港した「樫野」は、高雄を経由して横須賀に向かう。だが9月4日に台湾北方を航行中に敵潜水艦「グロウラー」の雷撃を受けて撃沈されたのである。

「樫野」の喪失により戦艦としての「信濃」の完成は不可能となったが、この時期には空母への改装が決まっていたため直接の影響はなかった。だが主砲は先に完成していたため、もし「樫野」が健在であったら、この余剰主砲がどのように流用されたか興味が尽きない。

第十八章

連合艦隊を支えた特務艦 その2
「工作艦」「標的艦」「砕氷艦」「河川砲艦」

海軍の規模が拡大するにつれて、戦闘艦艇だけでなく、直接の戦力には反映されにくいさまざまな支援艦も必要となる。とりわけほぼゼロの状態から近代海軍の建設に挑んだ日本海軍は、支援用艦艇の開発や運用も新しいチャレンジの連続となった。そんな日本海軍ならではの目的と任務を帯びて建造された船に注目する。

前線修理工場として活躍した工作艦

艦艇の船体や機関、兵装、電気関係など、艦内工作では対処できない修理を実施するのが工作艦の役割だ。工廠やドックに入らず、作戦中の艦艇を対象に、泊地など洋上で作業できるのが最大の特徴である。

日本海軍では日清戦争の時に「品川丸」などを特設工作艦として使ったが、目的は水雷艇の修理であった。以後、予算の関係で日露戦争でも本格的な工作艦は取得できず、鹵獲したロシアの新造輸送船を「関東」として改造したものが、海軍で唯一の工作艦であった。

その後、八八艦隊完成案の中に排水量1万9000トンの大型工作艦新造が盛り込まれたが、八八艦隊自体が廃案になるとこれも消滅。曲折を経て昭和9（1934）年の第二次補充計画（㊁計画）で建造が決定した1万トン級の工作艦が「明石」である。

大正末期に「関東」を事故で失っていたこともあり、新造艦「明石」への海軍の意気込みは強かった。アメリカの最新工作艦「メドゥーサ」や工作艦兼潜水母艦「ミッドウェー」を参考に、入念に細部まで設計を詰めた上で、昭和12（1937）年に起工、昭和14（1939）年7月31日佐世保で竣工した。

「明石」は浮かぶ海軍工廠としての機能を追求した設計になっていた。船体は床面積の確保を優先して乾舷が高い平甲板型となり、上甲板も作業スペースの確保のため、クレーン以外の構造物は必要最小限とされた。艦内には約510平方メートル（テニスのダブルスコート2個分）の機械工場を筆頭に、銅製品を扱う銅工場や溶接工場、木工所、電機工場、図面室、工具室、兵器工場など17ヵ所の作業場が設けられていた。

機械工場では旋盤やフライス盤を使って機械部品を作り、これを組立工場で組み立てる。鋳造工場と鍛冶板金工場もそれぞれテニスコート以上の広さが確保されていたほか、作業効率を上げるために第二工場が設けられている設備もあった。２本の煙突のうち前の煙突は工場用というだけで、その規模が推し量れるだろう。開戦直前の竣工なので設備も最新で、本土にもないドイツ製の最新工作機械が惜しみなく与えられていて、これを動かす４５０Ｖのディーゼル発電機８基が生み出す電力設備は大和型戦艦にも匹敵した。「明石」の運行には約３００名が関わっていたが、それ以外に最大定数４３４名の工員が乗り込んでいたという数字からも、この船の独特の活気が伝わるだろうか。「明石」の年間修理作業工数は14万工数であり、連合艦隊が必要とする修理が年間35万工数なので、その４割をこなす能力があった。実際は時間というリソースもあるので、「明石が３隻有れば連合艦隊を現場で維持できる」という性能評価はあくまで俗説に過ぎない。しかし工作材料だけでも９３０トンも積載しており、必要に応じて長期間、前線に留まることができた。また、実際に使用されることはなかったが、救難用移動排水ポンプも多数搭載していた。

工作艦は作戦中の泊地で損傷した友軍艦艇を修理する際に真価を発揮するが、平時には潜水艦のメンテナンスを主任務としていた。潜航の都度、船体にストレスがかかる潜水艦は、常時メンテナンスを必要とする船だったので、「明石」の補修能力が役立てられたのである。

連合艦隊を支えるとまで言われた「明石」はまさに浮かぶ工廠だった。艦隊の継戦能力の維持に多大な貢献をしている

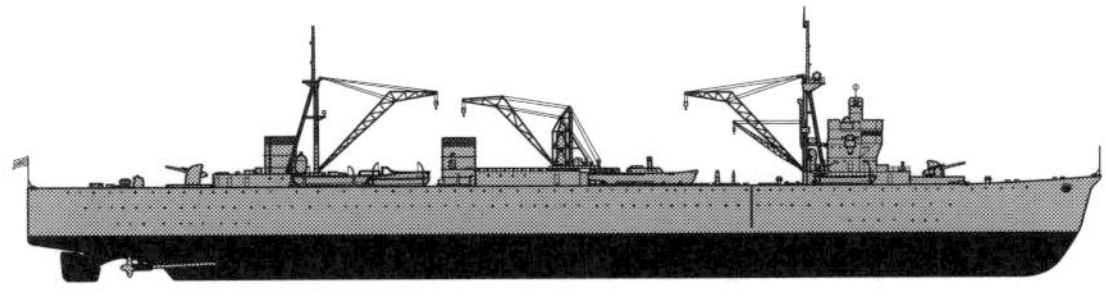

工作艦「明石」
イラスト／田村紀雄

開戦とともに前線へ「明石」の戦歴

昭和16（1941）年12月1日、真珠湾攻撃に先立って呉を出港した「明石」の任地は、フィリピン東方のパラオであった。日本の委任統治領パラオは、フィリピン、蘭印攻略の重要拠点となっており、「明石」には前線修理工場の役割が期待されたのだ。

以後「明石」はフィリピンのダバオ、インドネシアのスターリング湾と、戦線の拡大に応じて前線を転戦し、4月末に呉に帰投。「3カ月は無補給で活動できる」という評判通りの活躍をした。

補給を受けた「明石」はミッドウェー攻略作戦に参加するが、敗北後にトラック島に転じ、僚艦「三隈」と衝突した重巡「最上」を修理した。8月に「最上」とともに内地に帰投した「明石」は、直ぐにトラック島に再進出する。この時期のトラック島は、激化の一途を辿るガダルカナル島攻防戦の後方拠点であるため、多数の損傷艦艇が逃げ込んでくる。「明石」を挟んでその両隣に合計7隻の大小艦艇が並んで修理を受けている有名な航空写真があるように、修理を受けた艦艇は戦艦「大和」をはじめ、空母「大鷹」、巡洋艦「青葉」「阿賀野」など300隻を超えるとも言われる。もしこの時期に「明石」がいなかったら、連合艦隊の継戦能力は格段に低下していたのは間違いなく、「明石」が米軍の最優先攻撃ターゲットとなっていたとの俗説にもふさわしい活躍であった。

だが、昭和18（1943）年末から始まる中部太平洋での米軍反攻の直撃を受け、昭和19（1944）年2月のトラック空襲で「明石」には爆弾1発が命中。幸い不発弾であったが、退避先のパラオで第58任務部隊の激しい空襲を受けて大火災を発し、3月29日に大破着底した。

「明石」喪失後、海軍は飛行艇母艦「秋津洲」を工作艦に転用している。これは同艦が飛行艇揚収用の大型クレーンを備え、作業用に広い上甲板があって工作作業に都合が良かったためであった。船体が小型で、工作設備などは限定されたが、懸命に「明石」の穴を埋めていた。しかし昭和19年9月23日にフィリピンのコロン湾で撃沈されている。

艦長たちを鍛えた標的艦「摂津」

日本の戦艦というと、太平洋戦争中に保有した12戦艦と、日露戦争で勝利の立役者となった「三笠」を筆頭とする敷島型戦艦の名が上がる。しかしその間に国産ド級戦艦である河内型戦艦「河内」と「摂津」も存在していたことは、一般にはあまり知られていない。

このうち「河内」は大正7（1918）年7月に火薬庫の爆発事故で沈没し、単艦となった「摂津」はワシントン海軍軍縮条約の締結において廃棄が決まる。だが条約にて各国とも廃戦艦のうち1隻のみ、兵装を撤去して標的艦に転用することが認められた。これを活用して「摂津」は標的艦として生まれ変わることになった。

標的艦といっても、実際の砲撃の的になるわけではなく、艦砲標的の曳航が本来の役割であった。「摂津」の任務は数年で終わり、呉で予備艦となっていた。だが大正10（1921）年から無線誘導の標的艦とする計画が動

兵装をすべて撤去した標的艦時代の「摂津」。戦艦としては活躍の場がなかったが、標的艦としては非常に大きな存在意義があった

標的艦「摂津」
イラスト／田村紀雄

標的艦として砲撃演習の標的となる「摂津」。装甲を復旧し、重巡クラスの主砲演習弾に耐えることができ、砲撃演習時は無線操縦で完全無人で操艦することが可能だった

き出す。

艦艇の無線誘導は説明を要するだろう。第一次世界大戦後、列強各国は余剰となった旧式戦艦を標的艦に改造して、主力艦の砲撃練度向上に使用していた。イギリスでは軍縮条約の交渉中に、準ド級戦艦「アガメムノン」を無人標的艦に改造している。訓練海域まで有人で操艦して、射撃練習時には無線誘導装置を積んだ駆逐艦から操艦するという方法だ。「アガメムノン」の退役後は超ド級戦艦「センチュリオン」を無線誘導の標的艦に改造している。

日本はこの「アガメムノン」を参考にして、無線標的艦の研究を開始した。廃棄駆逐艦から機関を撤去して推進用モーターと二次電池、無線操縦装置を搭載して操縦実験を試したのである。装置は順調に機能したが、無線操縦に必須となるボイラーの自動噴燃制御技術が確立できなかった。そこでドイツのアスカニア社が開発したボイラー用自動噴燃装置を輸入して、舞鶴海軍工廠でコピーを試み、昭和11（1936）年に国産に目処を付けたのである。

以上の成果を受けて「摂津」を無線標的艦とすることが決まり、昭和12年7月に再就役した。この新生標的艦「摂津」の新任務は爆撃標的艦であった。従来の曳航標的艦では危険防止のため曳航索の長さを4km以上確保しなければなら

なかったが、これだと実戦と同じ回避行動が望めない。結果、航空機による爆撃の標的としては容易過ぎて訓練の効果が低かった。そこで標的艦を無線誘導式にする必要が生じたのである。この新生「摂津」は煙幕の展帳も可能であり、10キロ演習爆弾を使った爆撃訓練に使用された。

だが、国際環境の変化が三度「摂津」の役割を変える。日本は昭和9年12月にワシントン海軍軍縮条約を破棄し、その2年後に無条約時代が始まったが、昭和14年になると「摂津」は第二次改装工事を請けて、爆撃・砲撃兼用の標的艦とされたのである。この改修により軍縮条約下で撤去されていた舷側の主装甲帯を復活させて、最大2万2000mからの20センチ特型演習弾の直撃に全面的に耐えるように配慮された。また水平装甲も強化され、高々度からの30キロ演習弾にも耐えられるようになった。

もっとも「摂津」が完全無人になるのは砲撃演習時のみであり、艦内に装甲区画が設けられて、爆撃演習の際には有人操艦ができるようになっていた。これにあわせて近代化改装で余剰となった戦艦「金剛」のボイラーが移設されたこともあり、速力は17ノット以上を発揮できるようになった。「摂津」は爆撃回避訓練ができる大型標的艦として重宝され、多くの艦長を育てている。この任務は戦争を通じても続けられている。

太平洋戦争では「摂津」が外洋に出るような機会はなく、昭和20（1945）年7月24日の呉軍港大空襲で米軍機の爆撃を受けて大破着底し、戦争を終えた。近代的戦艦の始祖である「ドレッドノート」の時代に建造されながら、期待外れに終わってしまった国産戦艦であったが、「摂津」は実戦に近い感覚での演習を可能にして、帝国軍人の砲術、爆撃能力の強化、維持のみならず、大艦航空攻撃の回避技術の向上にも貢献したのである。数値化こそされないが、工作艦「明石」にも劣らぬ功労艦であったと評価できるだろう。

悲劇から生まれた砕氷艦「大泊」

日清、日露戦争を経て日本は大陸に権益を持つようになったが、それに伴い、軍民問わず多くの日本人が機会を求めて大陸に渡った。ところが大正9（1920）年2月、黒竜江のオホーツク海河口付近にあるニコラエフスクにて、同地を占領中の陸軍1個大隊と日本人居留民700名がパルチザン勢力に包囲されて大隊が壊滅。将兵100名と居留民が捕虜になるという尼港事件が起こる。日本は海からの救助を試みたが、結氷した海域で作戦可能な艦艇がなくて救援は届かず、捕虜となった日本人は全員殺害された。

この事件の反省から建造されたのが砕氷艦「大泊」だ。艦名は当時樺太にあった港町（現在のコルサコフ）のこと。対米戦を念頭に戦力を整備していた海軍にとって、砕氷艦は予定外の艦船である。しかし、当時はシベリア出兵が続いていたため、尼港事件の再発は許されず、急遽、砕氷艦の建造が決まったのである。

ただし砕氷艦の建造経験がない海軍は、イギリス製砕氷艦「ドブルィニャ・ニキーティチ」を参考に、設計に着手した。大正10年11月7日に神戸川崎で竣工した「大泊」は、排水量2330トン。艦の全長に対する全幅の比が4：1と、かなりずんぐりとした幅広の船体で、これは砕氷艦の典型であった。砕氷船は氷に自ら乗り上げて砕きながら進むので、艦首の吃水線付近は丸みがあり、氷に閉じ込められたときの圧力を逃がすように、船体の上端付近に最大幅が来るようになっていた。また氷による損傷を防ぐためにビルジキールもないので、もし陸に上げたら、料理用のボウルのような船底に見えただろう。

耐氷構造のため船体の外板の厚さは通常の船舶の倍もあった。それでも竣工直後に樺太、千島方面で運用してみると想定よりも砕氷能力が低かったので、さらなる構造強化改修が追加されている。また艦内容積も不足であったため、後部上甲板にデッキを追加して船尾楼とした。兵装は8センチ砲を艦首砲座に据え付けていただけだが、もとより戦闘任務は期待されていない船であった。

竣工後は、修理や訓練を除けば一貫して北洋で行動し、日本海軍唯一の砕氷艦として北方全般の警備や航路啓開、漁業の保護に貢献した。また昭和5（1930）年から開戦直前まで、断続的にオホーツク海での

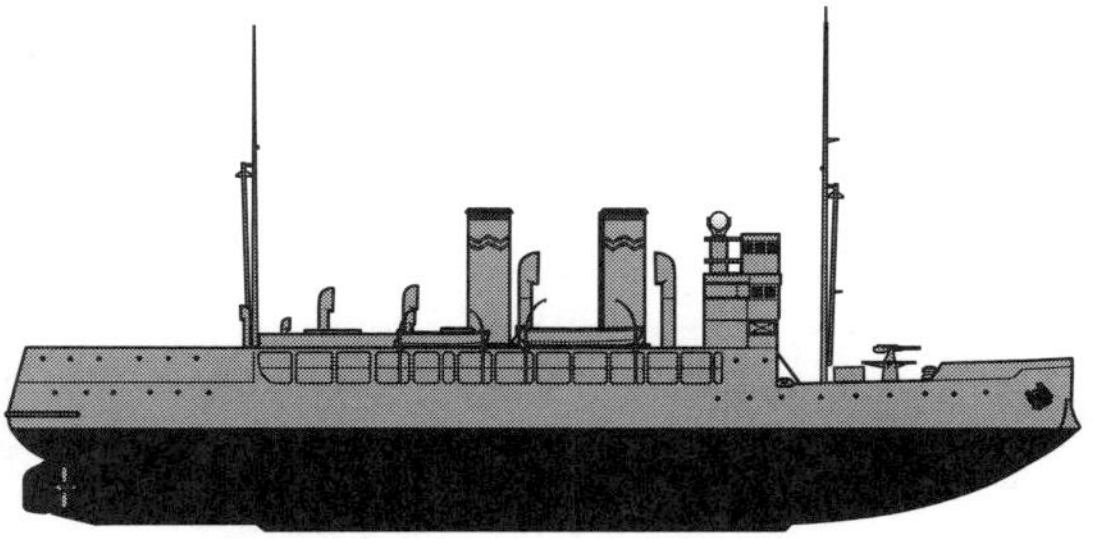

砕氷艦「大泊」
イラスト／田村紀雄

砕氷艦がなかったために悲劇を招いた日本海軍は、急遽「大泊」を建造した。地味ながら北辺の警備に活躍し終戦を迎えている

流氷原の調査を行うなど、「大泊」の役割は海軍艦艇より、今日の海上保安庁のそれに近かったと言える。さまざまな任務に酷使された「大泊」は、太平洋戦争直前に大湊警備府附属となり、宗谷海峡などでソ連の動向ににらみを効かせつつ、横須賀にて整備中に終戦を迎えている。

「大泊」に始まる日本海軍の砕氷艦の経験は、戦後に繋がる重要な船を残している。昭和13（1938）年、長崎の川南工業がソ連から発注を受けていた3隻の3000トン輸送船が、進水後にキャンセルとなってしまった。船は新興の海運会社である辰南商船が購入したが、このうち「地領丸」と名付けられていた1隻を海軍が買い取り、北方海域での輸送船とした。これが「宗谷」である。

もとはソ連発注の輸送船なので「宗谷」には一定の耐氷性能があり、海軍は老朽化していた「大泊」の後継砕氷艦とする計画であったのだ。実際は砕氷船への改造は見送られたが、「地領丸」の時点で、海底までの距離を測るには充分なソナーを搭載していたため、「宗谷」は北洋での輸送艦兼測量艦として期待された。ところが太平洋戦争が始まると、輸送船不足から「宗谷」は南方作戦に投入され、敵潜の雷撃や空襲で損傷しながらも、戦争を生き延びている。

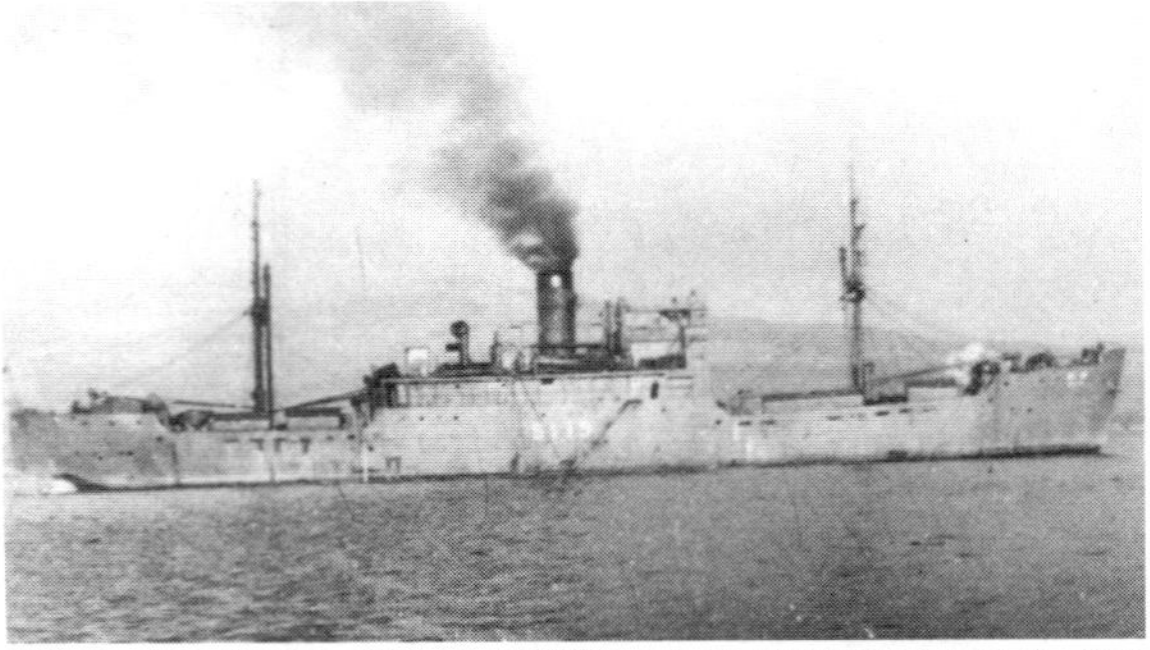

輸送船時代の「宗谷」。戦後の南極観測船としての活躍が知られるが、その出自から戦後にいたるまで波乱に満ちた生涯だった

輸送船「宗谷」
イラスト／田村紀雄

戦後、「宗谷」は復員船として運用されたのち、灯台補給船として海上保安庁が保有。この時は船体が白く塗装されている。その後、耐氷構造を残したことが幸いして南極大陸観測事業に使われ、南極観測船となって貢献したのである。かなり腐食と老朽化が進んでいるが、現在も「宗谷」は博物館としてお台場に繋留されており、一般見学することができる。

見た目以上の存在感がある河川砲艦

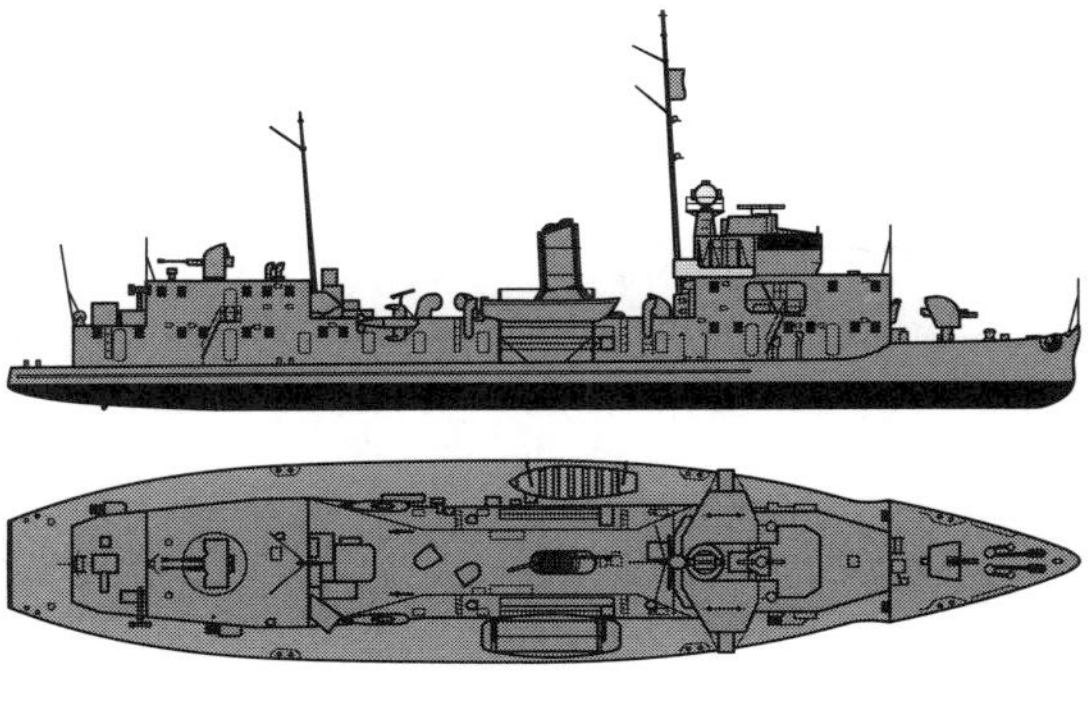

河川砲艦「伏見」
イラスト／田村紀雄

日中戦争では河川砲艦も大きな戦力となった。小さな規模の船だったが、菊花紋章をいただく立派な軍艦だった

19世紀末にイギリスなどの欧米列強は中国へと本格的な進出を開始した。清朝末期の中国は内憂外患で混乱しており、そこにつけいる形で列強は中国各地に居留地を設けたのだ。これはやがて中国の経済の中心地である長江に沿って内陸部に拡大していくが、この地に得た利権と居留民の保護のために、各国では専用の河川砲艦が建造されるようになる。

遅れて中国に進出した日本も、日露戦争後の明治39（１９０６）年にイギリスのヤーロー社から購入した砲艦を「伏見」として中国に派遣した。これらは航洋力がないので、上海まで部材を運び込み、川崎造船所の社員が組み立てる形となった。これに次いでソーニクロフト社からは「隅田」を購入したが、いずれも急流をなす難所の三峡（現在の三峡ダムとその上流部）の遡上に出力が足りず、明治44年には佐世保工廠で初の国産となる河川砲艦「鳥羽」が建造された。

以降、日本海軍は河川砲艦として勢多型を4隻、熱海型を2隻建造。長江の特性に合わせるために設計も進化し、熱海型では長江に接続する無数の湖沼や小河川での運用を重視して、小回りが利くよう舵は3枚になっている。また第三次海軍軍備補充計画で建造された伏見型砲艦2隻はエンジンをレシプロからタービンに強化している。

河川砲艦は技術面でそれほど高性能が求められた船ではないが、最大の特色は、これが「軍艦」であるという点にある。日本海軍においては、艦首に菊の紋章をいただく船のみが軍艦と呼ばれる。駆逐艦や潜水艦は軍艦ではないので、河川砲艦の方が「格上」の軽巡洋艦並の扱いを受ける。これは国際慣行上でも同様で、日本の河川砲艦は公海はもちろん、他国の領海でも自国の主権を認められる存在であった。言うなれば、河川砲艦自体が日本そのものであるため、自身の兵装は短8センチ高角砲1門程度で充分なのであった。

これは日本に限ったことではなく、揚子江に展開していた列強各国の砲艦も同じ目的を持っており、日本もこれに倣った形である。だからこそ、日中戦争の最中の昭和12年12月に、南京を攻撃中の海軍機が誤ってアメリカの砲艦「パネー」を撃沈したことが、重大な国際問題に発展しかけたのである。

このような役割を帯びた河川砲艦は、任務期間が長くなる傾向にあり、海軍軍人以外の人間を乗せる機会も多い。したがって居住性に優れ、またいつでも上級司令部との連絡を可能とする強力な通信能力が求められた。

だが、戦争の激化にともなって平時の役割は意味をなさなくなり、各河川砲艦は頻繁に実戦投入されるようになる。そして昭和19年10月以降は駆逐艦並の扱いとなった。最後には伏見型2隻をはじめ、戦争を生き延びた河川砲艦はいずれも中国軍に接収され、国共内戦で使用されたのである。

第十九章

海戦の主役に躍り出た「海軍空母航空隊」

太平洋戦争における海戦の主役は航空母艦とその航空隊であった。
しかし両者は歴史の浅い兵器であり、海戦における活用方法は、
運用と技術の両面で試行錯誤の連続となった。
そして日本海軍は世界に先駆けて
空母の集中運用という発明を成し遂げて大成功したが、
この成功が思いも寄らぬ苦戦を招くこととなったのである。

日本海軍の海軍空母航空隊の萌芽となる水上機母艦「若宮」。第一次世界大戦における戦績が、海軍航空隊編成の端緒となった

海軍航空の発祥と航空隊の発足

明治45（1912）年11月、横須賀の追浜にてカーチス水上機が飛行試験に成功した瞬間から、日本海軍航空部隊の歴史が始まった。

海軍への航空機導入に関する最初の意見書が提出されたのは、明治42（1909）年3月のこと。列強各国での航空機研究や導入状況を概観した上で、日本海軍導入時に必要な関連設備や諸制度を広く整理した内容であった。

この意見書を契機に、陸軍と協同で「臨時軍用気球研究会」が発足した。しかしこれは予算、人員とも陸軍中心の組織であり、海軍の希望する航空機研究には不十分であった。そこで明治45年に独自に海軍航空術研究委員会が立ち上がったのである。

大正元（1912）年には、第一期操縦練習将校の4名が水上偵察機の操縦訓練を開始し、翌年秋の海軍小演習に飛行機が初参加した。運送船「若宮丸」に水上機母艦として艤装を施し、水上機による偵察を演習に組み込んだのだ。この演習を通じて得られた知見は多かったが、当時はまだ実用には堪えないと評価された。

しかし、翌年に勃発した第一次世界大戦にて、青島にあるドイツ軍拠点攻略に「若宮丸」が投入され、水上機による偵察と爆撃を実施している。この実績が認められ、大正5（1916）年4月1日に海軍航空術研究委員会を母体として追

日本初、そして世界初の新造空母として就役した「鳳翔」。しかし空母の整備は進んでも、空母に載せる艦載機の運用にはまだ時間を要した

浜に横須賀海軍航空隊が創設された。このうち第一飛行隊は艦隊司令部の指揮下に入って運用される航空隊という建前で、実戦に近い環境を得るため、暫定的に艦隊航空隊と改められた。そして艦隊航空隊は「若宮丸」から改名した「若宮」に配属されて、同艦長が艦隊航空隊司令を兼務した。

この母艦と所属航空隊の枠組みでの訓練を通じて明らかになったのは、水上機母艦は艦隊と行動を共にできるが、外洋では海象状況に左右されて水上機作戦が不安定であること。水上機の発進、収容時には母艦は停止ないし低速航行を強いられて艦隊行動に追随できず、実戦では制約が大きすぎること。つまり艦隊で運用する母艦としては陸上型機の運用が可能で、波浪に作戦を左右されにくい航空母艦が必要であると認められたのである。

最大の課題となった航空母艦への着艦

大正8（1919）年8月に航空母艦「鳳翔」が起工され、大正11（1922）年12月に完成した。しかしその運用と艦上機の扱い方については、空母先進国のイギリスから多くを学ぶ必要があった。それを担ったのがセンピル教育団

緒戦期の快進撃を支えた空母機動部隊の象徴ともいえる空母「赤城」。ミッドウェー海戦で本艦が撃沈されたことは、戦局のその後を暗示するものでもあった

である。

第一次大戦終了後、日本海軍は英海軍に対し、海軍における航空術の教育を働きかけ、ウィリアム・フォーブス＝センピル大佐以下、29人の指導員が日本に派遣されてきた。彼らは大正10（1921）年9月から1年半をかけて、海軍に航空技術を指導したのである。

この時期、海軍航空最大の課題は空母への着艦であった。実際、「鳳翔」の飛行甲板に最初に着艦したのは元イギリス海軍操縦員のウィリアム・ジョルダンであった。大正12（1923）年2月、彼は一〇式艦上戦闘機による初着艦に成功した。翌月にはセンピル教育団の教官も「鳳翔」に着艦している。日本人操縦員が着艦に成功したのは、その次であった。

この着艦技術の壁からも窺えるように、「鳳翔」は就役してから約3年間も、発着艦装置の開発や訓練に忙殺されて、艦隊運用の研究に取り組む余裕がなかった。そしてようやく連合艦隊所属になっても、操縦員は空母着艦前に4ヵ月の訓練を課せられた。つまり年次訓練の前半は着艦訓練に費やされ、艦隊訓練に充分な時間が割けない時期が長かったのだ。

しかし昭和2（1927）年に空母「赤城」が竣工すると、この状況も改善に向かう。昭和3（1928）年には「赤城」「鳳翔」の

昭和16年12月8日、真珠湾攻撃のため発艦する零式艦上戦闘機二一型。日本の艦上機は緒戦期に圧倒的な強さを発揮し、空母機動部隊の威力を世界に実証した

空母2隻と駆逐艦4隻によって初の航空戦隊、第一航空戦隊が編成されて、第一艦隊に加えられたからだ。また「加賀」が就役する頃には、着艦訓練は事前準備が大幅に短縮されて、空母の艦隊運用の比重が高まった。そして昭和5（1930）年前後になって、日本海軍はようやく航空機を艦隊戦力に加えられるようになったのである。

自立を果たした航空機開発能力

海軍において航空兵力の増勢に道筋が付いたのは、昭和6（1931）年度制定の軍備計画である、第一次補充計画（㊀計画）で、航空隊を14隊編成するものとされた。これはすぐに国際関係の悪化を受けて、昭和9（1934）年度に成立した第二次補充計画（㊁計画）で増強された。この中では特に搭乗員などの充実が重視されている。

昭和12（1937）年には、海軍は軍縮条約の失効を見据えて、帝国国防方針、用兵綱領を改定し、国防所要兵力のうち海軍航空に関しては空母10隻、航空隊65隊と

零戦、九九艦爆とともに緒戦期に大活躍した九七式艦上攻撃機。対艦攻撃の切り札である魚雷を搭載するのは艦攻の役割だった

飛躍的な戦力増強を求めていた。

また航空部隊の組織にも改編が加えられた。発足以来、海軍航空は軍政面では海軍艦政本部に属していたが、昭和2年4月に総務部、技術部、教育部で構成される海軍航空本部が独立した。そして昭和5年12月に航空本部技術部長に着任したのが、後に連合艦隊司令長官として対英米戦を主導する山本五十六であった。山本は技術の専門ではないが、用兵者が求める航空機のあり方をよく理解し、同時に優れた軍政家として、航空機開発に必要な組織の動かし方を心得ていた。

山本の航空部長時代は3年も続き、その間に海軍航空の近代化が一挙に進む。大きな成果の一つが昭和7（1932）年4月に設立された「航空廠」である。昭和初期まで日本の航空産業界は欧米の技術模倣中心で、独自の開発能力は低かった。だが、山本は国産優先を譲らず、昭和7年度を初年度とする海軍航空機試作三ヵ年計画を推進した。航空廠が航空機設計と試製、実験研究を主導して新型戦闘機や攻撃機などの能力要求を決定し、三菱、中島、愛知、川西など民間航空機製造メーカーと協力したことで、多様な機種の試作と体系化が一気に進んだのである。

例えば、昭和7年から三菱と中島が試作した七試艦上戦闘機は、要求が高すぎたこともあり採用は見送られた。しかしこの取り組みのフィードバックを基に九試単座戦闘機で仕切り直すと、三菱の堀越二郎技師が設計した機体が採用されて、九六式艦上戦闘機が誕生した。その後継が零式艦上戦闘機である。同じように中島の九七式艦上攻撃機や、愛知の九九式艦上爆撃機も生まれている。

太平洋戦争勃発時の日本の優れた「艦上機トリオ」に限らず、日本軍機がこの時期に飛躍的な発展を遂げて、世界の第一線に立てたのは、山本の先見の明に、空技廠と各メーカーの取り組みがよく機能した成果なのであった。

時間がかかった機動部隊の戦力化

航空本部の独立を契機に海軍航空は充実したが、戦力化するまでにはかなりの時間を要した。例えば航空雷撃は早い時期から構想されていたが、昭和5年に実施された艦攻による雷撃戦技では、魚雷の構造的な制約から、失速寸前の速度のまま、魚雷の投下高度は20メートルを上限とするなど、実戦に堪えるものではなかった。昭和7年に開発された九一式航空魚雷でようやく時速300キロ、投下高度100メートルと実用レベルまで使用域を拡大できたのである。

また急降下爆撃の訓練が始まったのも昭和7年、九四式艦上爆撃が採用されて以降のことである。航空爆弾には戦艦などの主力艦を撃沈する威力はない。しかし命中率が高く、敵空母の甲板を破壊して戦闘機能を喪失させるのに最良の攻撃であるため、先制奇襲攻撃の切り札として期待されたのである。

だが、このような技術的発達を艦隊戦にどのように活用するかという研究は、なかなか実を結ばなかった。昭和9年に海戦要務令の航空戦関連の改訂が試みられたが、成案はしなかった。次の試みは昭和15（1940）年初頭、軍令部は「海戦要務令続編（航空戦ノ部）草案」を作成して、各方面に意見を求めた。この中から空

母と艦上機の役割をいくつか箇条書きで取り出してみると、

・艦隊戦の主力は戦艦であり、航空兵力は補助的なもの。
・航空決戦によって敵航空兵力を撃滅し、艦隊決戦場の制空権を確保する。
・空母はアウトレンジでの戦いを重視し、空母同士の戦いでは空母を分散配置する。

という基本的な内容に留まっていた。しかし、このようなガイドラインでさえ、連合艦隊では総論賛成、各論反対を絵に描いたような、各部署からの反対意見に直面してまとまらなかった。詰まるところ、海軍においては航空機をいかなる戦力として扱い、どのように用いるべきか。基本的なルールが定められないまま戦力の整備ばかりが進んでしまったのである。

戦艦中心の思想と空母集中運用の相克

航空機がいかに進化しても、艦隊戦は戦艦同士の殴り合いによって決するというのが連合艦隊の基本的な姿勢であった。航空機の性能増大により、戦艦の価値は低下するという主張も見られたが、その考えも常に戦艦を念頭に置いたものであり、航空機そのものが海戦の主役になるとまでは至っていなかった。

しかし航空母艦と空母航空隊の整備が進むと、複数の空母を運用する研究や訓練も蓄積された。その結果、少なくとも大型空母は集約して機動航空部隊を編成し、その航空隊と一緒に統一指揮下に置いて、攻撃力を集中すべきという考えが生じる。実際、山本五十六が連合艦隊司令長官に着任した昭和14（1939）年度には、航空部隊の集団運用訓練が実施された。実戦想定の状況下で、各級指揮官および航空関係者に航空戦の指揮方法と、航空関連事項を研究演練させる訓練である。これにより、机上の空論に寄せがちであった航空機を、実戦に即して使用してみた際の利点と弱点が認識されたのである。

昭和15年に実施された連合艦隊の演習内容は資料が欠損していて全体像がよく分からない。しかし航空作戦については多様な航空隊による同時協同攻撃を狙った訓練が中心で、基地航空部隊と母艦航空部隊との協同攻撃の実施や、敵機動部隊の先制撃破、航空戦の指揮統制、艦隊防空が研究された。特に全攻撃機隊の統一指揮の下で実施された昼間攻撃演習では、航空雷撃の標的となった戦艦部隊が一方的に滅多打ちにされている。一連の演習を通じて、敵航空優勢下における戦艦戦隊の思わぬ弱点が明らかになったのだ。

この演習で航空機部隊を統一指揮した小沢治三郎少将は、航空集中運用の威力に驚くと同時に、当時の通信技術では部隊間連携が極めて難しいことも痛感した。そして研究の結果、空母を集中して一艦隊を作り、航空兵力の集中使用と訓練を統一するのが最良の解決策であるとの結論に到った。

だが、これは従来の連合艦隊の組織とは相容れない。連合艦隊は戦艦中心の打撃部隊である第一艦隊と、巡洋艦、巡洋戦艦など快速打撃部隊を中心とする偵察兼遊撃部隊としての第二艦隊を柱にしていた。その中で、空母は2隻を基本単位として航空戦隊を編成し、第一、第二艦隊にそれぞれ割り当てられていた。この場合、第二艦隊隷下の航空戦隊が偵察と敵空母の撃滅を担い、第一艦隊の航空戦隊は艦隊にエアカバーを提供して、状況が許せば敵主力艦隊を攻撃する。空母を集中運用することになれば、各艦隊は自由に使える洋上航空戦力を失ってしまう。こうした建前から、連合艦隊の主流派は空母の集中運用構想に反対をしたのである。

ところが、演習の実績が抜群だったことに自信を得た小沢は、持論を譲らず「航空艦隊編成ニ関スル意見」を連合艦隊に提出したのである。先に示したとおり「海戦要務令続編（航空戦ノ部）草案」は芳しい反応をもたらさなかった。しかしこれに先立つ昭和14年6月30日に、航空制度研究委員会は「母艦航空隊を艦隊として統一指揮すべし」と主張しており、軍令部もこれに賛意を示していた。そしてついに昭和16（1941）年4月、第一航空艦隊が建制部隊として編成されたのである。

緒戦期を席巻した南雲機動部隊の編制

新編の第一航空艦隊の司令長官には、南雲忠一海軍中将が任じられた。艦隊は第一航空戦隊に「赤城」と「加賀」、第二航空戦隊に「蒼龍」「飛龍」、第四航空戦隊に「龍驤」、そして真珠湾攻撃の直前に新鋭の翔鶴型空母2隻が第五航空戦隊として隷下に加えられた。一航艦には精鋭の搭乗員が集められ、各空母飛行隊に所属した。ここで当時の海軍航空隊がどのような組織になっていたか確認しておこう。

平時の日本海軍は沿岸部各地に基地航空隊を保有していた。そして対英米戦突入を前に、外戦部隊となる飛行隊は、塚原二三四中将の第十一航空艦隊の隷下に入った。「航空艦隊」と名が付くが、これは艦艇のことではなく一定の戦域での任務のために編成された航空機部隊の総称である。航空艦隊の隷下には複数の航空戦隊があり、通常は少将が指揮官を務める。航空戦隊は2〜4個の航空隊で編成され、各航空隊は中佐か大佐が指揮を執る。

さらに航空隊は9機単位の分隊に分かれていて、分隊は3機単位の小隊に分けられる。分隊の指揮は少佐ないし大尉、小隊は中尉ないし少尉が指揮を執るのが基本である。

空母も1隻につき1個航空隊が割り当てられているが、空母の大きさによって機数は変化する。そして蒼龍型など中型以上の空母には艦戦、艦攻、艦爆の三種類が、小型空母には艦戦と艦攻の二種類が搭載された。つまり空母が集中された第一航空艦隊が、いかに強力な攻撃兵力であったか分かるだろう。

第十一航空艦隊編制図（昭和16年12月10日）

第二一航空戦隊	鹿屋海軍航空隊、東港海軍航空隊、第一航空隊
第二二航空戦隊	美幌海軍航空隊、元山海軍航空隊
第二三航空戦隊	高雄海軍航空隊、台南海軍航空隊

※附属艦艇は割愛

一路真珠湾攻撃に向かう空母艦上に並ぶ九九式艦上爆撃機。艦爆の急降下爆撃は対艦攻撃にも驚異的な命中率を誇った。後続の空母は「蒼龍」

だが、これは空母機動部隊の完成形ではない。もともと一航艦の編制はかなりいびつであった。各航空戦隊には護衛として最大4隻の駆逐艦が割り当てられているだけなので、艦隊単独での独立作戦を実行する力がなかったのだ。一応は空母を同一艦隊に集中してみたものの、いつでも航空戦隊ごとにバラして他の各艦隊隷下に組み込みやすくしたかのような配慮も透けて見える。

だが、実際にはこの一航艦を中核としてハワイ奇襲攻撃を実施することとなる。そして作戦実施を前に「龍驤」が部署された第四航空戦隊や一部駆逐隊を外し、代わりに第一艦隊から「比叡」「霧島」の二戦艦と第一水雷戦隊の一部を加えられるなど、もとの一航艦とは大部異なる陣容となった。これは立案した作戦に応じて、中核となる艦隊に所定の編制から外された部隊を加えた臨時部隊を作るという、日本海軍の方法

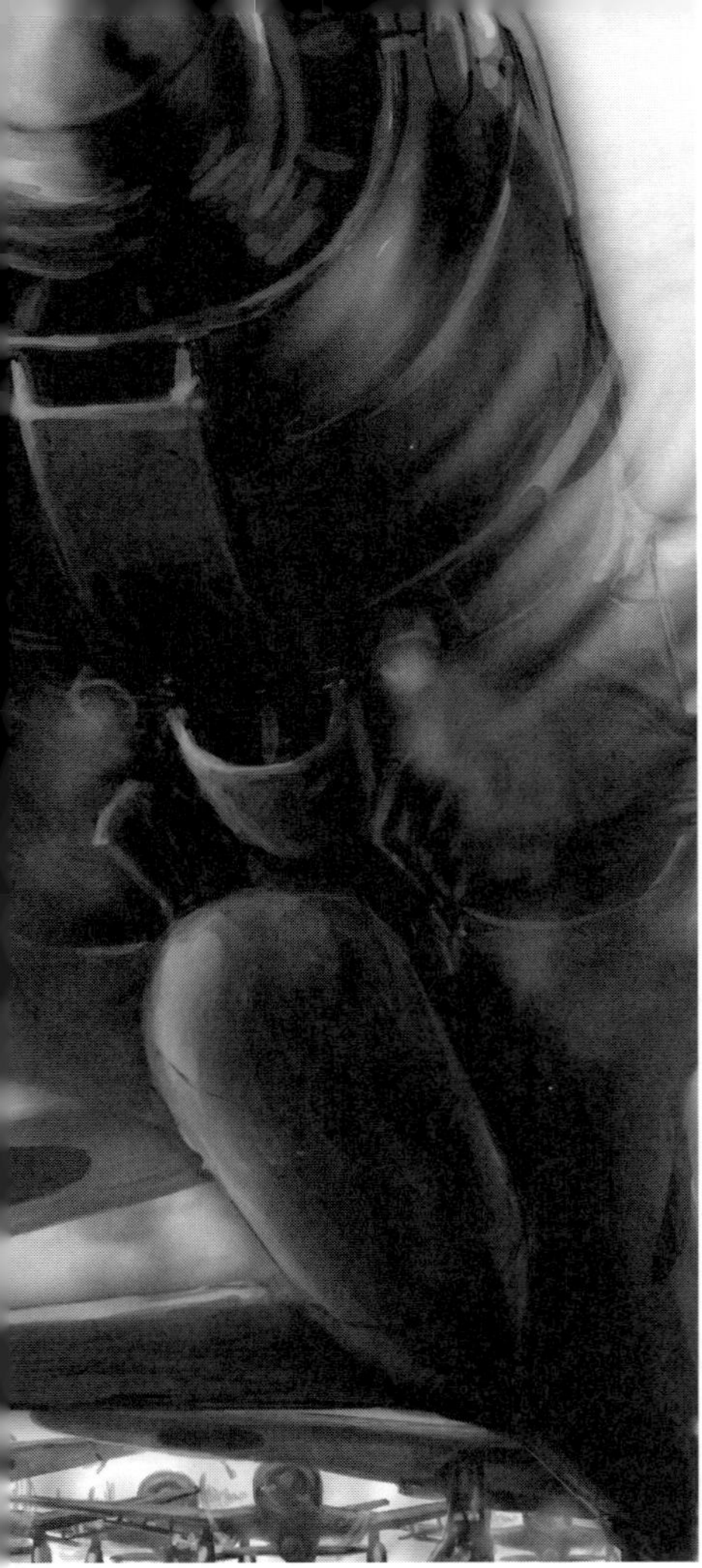

になったものであった。

この一航艦を中核とする臨時編制の艦隊は、一般に「（南雲）機動部隊」と呼ばれるが、これがハワイ奇襲で大戦果を上げたため、帰投後もほぼそのままの編制で蘭印攻略作戦、そしてインド洋作戦に投入された。あくまで臨時編制のまま、南雲機動部隊は日本軍破竹の進撃の先鋒に立って戦っていたのである。

空母決戦の教訓と日本機動部隊の壊滅

空母機動部隊の真価が問われたのは、ポートモレスビー攻略作戦であった。この作戦は第四艦隊を中核とする南洋部隊によって実施されたが、航空支援増強の求めに応じて、一航艦から第五航空戦隊が派遣されていた。この五航戦が、昭和17（1942）年5月初頭に珊瑚海海戦を戦うのである。

世界初の機動部隊の激突を含む珊瑚海海戦にて、日本は小型空母「祥鳳」を喪失、「翔鶴」が中破したが、引き換えに米空母「レキシントン」を沈没に追い込んだ。戦術的には勝利とされたが、100機近い航空機が損害を受けて航空支援を継続できなくなってしまう。攻略部隊本隊はほぼ無傷であったが、航空部隊の支援なしにはポートモレスビー攻略は不可能と判

昭和17年5月8日、日米初の空母決戦となった珊瑚海海戦で、発艦準備を進める「翔鶴」艦上の零式艦上戦闘機。この海戦で得られた戦訓は後の戦局を左右するものだったが、日本海軍はその戦訓を形にする前にミッドウェー海戦で決定的な敗北を喫してしまう

断されて、作戦は中止となった。こうして開戦以来、破竹の進撃を続けていた日本軍の戦果拡張が停止したのである。

珊瑚海海戦の教訓は貴重にして深刻であった。まず敵空母機動部隊に対抗できる水上部隊は、機動部隊だけであるということが明確になった。この場合、他の水上艦艇は空母の護衛以外の役割は果たせ

昭和17年5月8日、米空母「ヨークタウン」搭載機の攻撃を受ける「翔鶴」。すでに爆弾が命中、黒煙を上げながらも急速回頭して回避行動をとっている。この海戦は世界初の空母決戦であり、日米両軍に重要な戦訓を与えた

ない。そして空母決戦とは勝敗にかかわらず航空隊の損害が大きく、補充力の勝負となる。したがって、ポートモレスビー攻略を成功させたければ、最初から一航艦を全力で投入する必要があったのだ。

しかし、その戦訓を形にする前に、日本海軍は昭和17年6月上旬のミッドウェー海戦で敗北し、空母4隻と母艦航空隊を喪失してしまう。空母と航空隊の集中運用という、新時代の海戦勝利の方法論を発見したにもかかわらず、その手段を喪失してしまったのである。以後、日本海軍は機動部隊と航空隊の再建に狂奔すると同時に、一航艦に代わる新たな機動部隊――第三艦隊を編成して、ソロモン諸島を巡る戦いで互角の勝負を繰り広げる。

しかし同じ答えを発見した米海軍の戦力増強は凄まじかった。日本が新鋭空母「大鳳」を投入して臨んだ昭和19（1944）年6月のマリアナ海戦において、米海軍はエセックス級空母6隻を含む空母15隻からなる大機動部隊を投入して、日本海軍の努力を粉砕したのであった。

第二十章

持たざる国の努力と苦肉の策
「海軍基地航空隊」と「海軍設営隊」

航空機の実用化は海戦の形だけでなく、海軍の戦略のあり方も変えた。
だがこれに留まらず、日本海軍では艦隊戦力の劣勢を補うために、
航空機に大きな期待を寄せたことで、
世界にも稀な強力な基地航空隊を生み出したのである。
しかし、その支援態勢を含め、基地航空隊は期待に応えられなかった。

意外な形での陸攻機爆撃作戦

「海軍航空隊令」に基づき、大正5（1916）年4月1日以降、海軍航空隊はその所在地名を部隊名とすることが定められた。そして、これを受けた最初の航空隊が横須賀海軍航空隊として追浜に創設された。大正9（1920）年には空母「鳳翔」が起工され、母艦航空隊が編成されたが、この頃には海軍でも航空戦力の重要性が認められはじめ、基地航空隊も順次新設される。

日本海軍は航空戦力の増強と歩調を合わせて、陸上攻撃機の開発と整備に力を入れていた。これは仮想敵のアメリカに対して劣勢な艦隊戦力を、航空戦力によって補おうとした努力の表れである。その結果、日本海軍の基地航空隊には陸上攻撃機という名の双発爆撃機や大型機によって編成される飛行隊が誕生した。これは世界的にも珍しい装備状況であった。昭和11（1936）年4月1日には、千葉の木更津と鹿児島の鹿屋の二ヵ所に、海軍初の陸攻隊戦用基地と航空隊が発足した。ともに一個飛行隊規模で配備数も少なかったが、陸軍航空隊とは別に、海軍は独自の強力な爆撃機を有していたのである。

この基地航空隊が、昭和12（1937）年から始まった日中戦争において世界を驚かせることとなる。同年7月7日、北京郊外の盧溝橋で発生した日本軍と中国国民党の軍事的衝突は、数日の内に停戦合意が結ばれて沈静化していた。ところが日本との戦争を華中にまで拡大しようとした蒋介石率いる国民党政府は、上海の日本租界（治外法権や行政自治権が認められた外国人居留地）を狙って攻撃を仕掛けた。いわゆる第二次上海事変である。

日本租界への攻撃は8月13日に始まったが、当時租界を守備するのは陸軍ではなく海軍陸戦隊であった。陸戦隊は奮戦したが、国民党軍の戦力は10倍にも達する圧倒的劣勢の中で、陸軍の援軍が到着するまでの2週間を持久するのは困難と思われた。そこで、この国民党軍の攻撃を阻止する切り札として期待されたのが、基地航空隊に導入が始まったばかりの九六式陸上攻撃機であった。

盧溝橋事件が起こると、海軍は長大な航続性能を有する陸攻機を九州や台湾から上海まで飛ばして敵をたたくという「渡洋爆撃」作戦を着想し、木更津と鹿屋の部隊を集約して第一連合航空隊を新設して出撃に備えたのである。

一連空への出撃命令は8月13日に発せられ、翌14日、台北に展開した鹿屋隊が、杭州と広徳の敵拠点を叩くために出撃した。この初陣は台風によって失敗し、15日と16日に継続された攻撃も敵戦闘機に阻まれるなどして、未帰還機9機、大破・海没機3機、戦死者65名を出して、一連空の爆撃作戦は終了した。

作戦としては失敗であったが、それは研究や訓練が不十分なままでの拙速な戦力投入に起因する。そのことよりも、基地航空隊の陸攻機が海を渡って敵拠点を叩くという「渡洋爆撃」は、航空機運用の新たな可能性として、各国の軍関係者を驚かせた。そして後には中国に設けた飛行場に陸攻機が進出し、これに長大な航続性能を有する戦闘機——零式艦上戦闘機が帯同するようになった事で、中国大陸での戦いにおいて必須となる長距離爆撃戦術が確立するのである。

1937年中国に展開していた九六式陸上攻撃機。木更津、鹿屋、美幌のいずれかの機体とされる

外洋作戦中の英戦艦を撃沈

だが、日本海軍が基地航空隊の陸攻機に期待したのは、長大な航続距離を活かした対艦攻撃、それも航空魚雷を使った雷撃による敵主力艦艇への攻撃であった。

海軍航空隊による攻撃を受けるプリンス・オブ・ウェールズ（上）と、レパルス（下）。このマレー沖海戦で、航空戦力が行動中の戦艦をも撃破できることが世界に証明された

軍縮条約によって戦闘艦艇の保有比率を対英米比較で七割未満に抑えられてしまった日本海軍は、あらゆる兵器を活用して敵主力艦隊に先制攻撃を繰り返し、戦力が拮抗したところで主力艦同士の決戦を挑むという、漸減邀撃構想を海軍戦略の柱としていた。その中で、陸攻機も重要な対艦打撃戦力に位置づけられていたのである。

したがって、第二次上海事変における九六式陸攻の渡洋爆撃は本来の運用ではなかったが、この作戦方針は正しいものとして既存路線が継続され、一式陸上攻撃機が開発された。また艦上戦闘機と同等の速度性能を発揮し、航空魚雷2本を装備しながら、一式陸攻と比べても五割増しの航続距離を発揮する高性能大型飛行艇、二式飛行艇を開発したのも、航空機による漸減邀撃を実現するためであった。

この構想は、昭和16（1941）年12月10日、日本軍のマレー半島上陸を阻止すべくシンガポールを出撃したイギリス東洋艦隊の二戦艦――「プリンス・オブ・ウェールズ」と「レパルス」を陸攻機による航空攻撃のみで撃沈したマレー沖海戦によって完璧に演出されたのであった。

しかし、以後の基地航空隊、とりわけ陸攻機部隊は急速に輝きを失う。期待された対艦攻撃の場面が発生しないまま、ガダルカナル島をめぐる航空消耗戦が始まってしまったからである。

ラバウル航空隊に集められた陸攻隊は、この間、同じく基地航空隊所属の零戦の護衛を受けながら、ガ島の敵拠点、ヘンダーソン飛行場への空襲に投入されて、損耗を重ねていた。念願の敵艦隊への攻撃が実現したのは、ガ島攻防戦に日本が敗北を認めて撤収作戦を実施する最中、昭和18（1943）年1月29日から30日にかけて発生した、レンネル島沖海戦であった。

これは海戦と名が付いているが、ガ島に向かう連合軍輸送船団の護衛を務めたロバート・C・ギッフェン少将の第18任務部隊に対して、ラバウル航空隊の陸上攻撃機が空襲を敢行したという戦いである。重巡、軽巡が各3隻、駆逐艦が6隻という艦隊に対して、日本軍は29日の薄暮に31機、30日未明に11機の陸攻機で襲撃した。この戦いでは重巡「シカゴ」を撃沈に追い込み、米艦隊の行き足を止めたことで、ガ島撤収の時間が稼げたという評価から、日本の勝利とされる。しかし内容を見てみれば10機の陸攻を撃墜され、うち1機が「シカゴ」に体当たり。これで火災を発した「シカゴ」が標的となって雷撃が集中した結果でもあった。陸攻機がその数と性能にものを言わせて敵艦隊を痛打するという、戦前の想定にはほど遠い戦果というのが実態なのであった。

この時期、海軍航空技術廠では一式陸攻の後継機となる陸上爆撃機として「銀河」の開発を急ぎ、昭和19（1944）年には戦力化した。「銀河」は単体で見れば極めて優れた万能爆撃機であったが、もはや海戦は機動部隊中心の航空戦に移行しており、高性能陸攻機が長駆敵勢力圏に進出し、雷撃を敢行するというような戦い方は望めなくなっていたのである。

昭和19年6月にマリアナ沖海戦で第一機動艦隊が敗北、壊滅すると、海軍は基地航空隊を中心とする戦力の再建に躍起になった。しかし戦局挽回には到らず、昭和20（1945）年の沖縄戦以降、基地航空隊は特攻作戦の実施部隊となって敗戦を迎えるのである。

海軍設営隊の戦い

漸減邀撃構想における航空機の重要性に早くから着目していた日本海軍であったが、その活動拠点となる占

1942年7月、設営隊によってガダルカナル島で設営中の飛行場。滑走路が完成しつつあったが、翌月米軍が上陸、ヘンダーソン飛行場と改称されて日本艦隊を苦しめることになる

領地への飛行場の設営など軍用土木工事全般にはあまり関心が持たれなかった。しかし太平洋戦争が迫ると、海軍では水陸諸施設の建設需要が増加するのを見越して海軍施設本部を設けた。この時、施設系文官と徴用工員によって編成されていた従来の設営班も、設営隊に改称された。彼らは前線での飛行場や港湾施設の急速設営に従事する専門部隊と位置づけられ、開戦前後には10個設営他が編成されていたのである。この設営隊は急拡張に伴って訓練、装備とも不十分でありながら、第一段作戦によく従事して、南方基地設営に尽くしたのであった。

以後、占領地の拡大に合わせるように設営隊の規模は拡大を続け、役割も多様化した。とりわけ重大な転機になったのがガダルカナル島攻防戦である。この戦いは中部、北部ソロモン諸島を中心に、中部太平洋一帯での戦役に発展して、いずこでも激しい航空消耗戦が繰り広げられた。ミッドウェー海戦で大敗した空母機動部隊の再建を急ぐ日本海軍は、一連の戦いを基地航空隊の戦力で支えようとしたため、設営隊も飛行場建設のためにラバウル周辺やソロモン諸島方面に次々に進出したのである。

ただ、設営隊の任務が進展中の軍事作戦と不可分になってくると、幹部に文官を配置して、土木作業員を軍属に加えるという従来の方法には問題があった。軍属はあくまで民間人であるため、軍事組織としての運営に馴染まなかったのだ。

設営隊の組織も最初は規模の違いで甲乙の二種類があったが、開戦後間もなく全て解体され、昭和17（１９４２）年４月に改めて最初の設営隊である第十一設営隊が編成された。この改編時に設営隊長は従来の海軍技官ではなく海軍佐官ないし尉官となり、甲隊は１３００名、乙隊は８００名の軍属で構成されるようになった。これは設営隊の軍組織化への第一歩であった。

1943年、ソロモン諸島のブーゲンビル島で飛行場を設営中のアメリカ海軍設営大隊、通称SEABEES。ブルドーザーのような機械力だけでなく、規格化された穴あき鋼鈑など、資材も合理化されていた

さらに昭和19年4月には設営隊は甲乙丙丁の四区分となり、甲乙が建設一般、丙がトンネル工事、丁が桟橋の建設に従事。さらに甲乙を構成するのは軍属ではなく、正規の海軍軍人である工作兵を置くことで、より戦時に即した軍人設営隊となった。またこの頃にはようやく重機の必要性が認められるようになり、甲編制の設営隊にはブルドーザーなどが割り当てられるようになった。また終戦までに設営隊の数は最大２２３個、人員10万の規模にまで拡張した。しかし隊員の大半が民間人であるという問題は、抜本的な解決を見なかった。

　このように軍とは不可分の組織として設営隊の制度が整えられる一方で、装備や資材は不足し、戦局の悪化に伴い、とにかく人海戦術で凌ぐといった状況となる。海軍上層部も土木技術には暗く、また建築、土木の専門性を尊重する視点も欠いていた。結果、例えば飛行場や桟橋、泊地の建設についても軍事上の都合だけが優先されて、そもそも工事不可能な場所に充分な機材もないまま設営隊が送り込まれて立ち往生するといった事例が多く見られている。

この点、アメリカ海軍の設営大隊（Construction Battalionsの頭文字CBをもじり、SEABEES：シービーズと呼ばれたことで有名）は、最初から土木技術を有する専門の軍人で構成されるなど、より戦時に適した組織であった。また昭和19年後半に実施された北部ソロモン諸島、ブーゲンヴィル島への上陸作戦では、上陸作戦に適した海岸が島の東側にありながらも、飛行場設営に適した環境が優先されて、上陸の難易度が高い西側の海岸に対して作戦が実施されるなど、海軍も彼らの専門性を重視していたことも、日本との著しい対比をなしている。

第二十一章

最前線で戦い続けた徴用船の死闘「特設監視艇」

太平洋戦争において海軍は大量の船舶を徴用したが、その中には漁船も含まれていて、補給や連絡、軽輸送に留まらず最前線となる太平洋上で、危険極まりない監視任務に従事していた。だが、監視海域を流れる黒潮にあやかって「黒潮部隊」なる勇壮な名称を与えられた彼らには、連合艦隊のどの船より危険で過酷な任務が待ち構えていたのであった。

黒潮部隊の発足

日中戦争が本格化しだすと、海軍では中支方面水域での雑用船として多数の漁船を徴用していた。これらの小型船は中国との戦争の舞台である揚子江（長江）と接続水域、湖沼では充分に役立った。

しかし、海軍として本当に使用したい海洋での哨戒や監視には不向きな船であり、対米戦が真実味を帯びてくると、徴用漁船の実態把握が急がれた。その結果、徴用可能な民間船舶のうち、延べ１５００隻以上が特設艦艇とされたが、このうち補給輸送に使われることがあらかじめ決まっていた捕鯨母船や北洋母船などを除外すると、外洋任務に使える１００トン以上の船は開戦時には２５０隻前後しかなかった。海軍はこれらを特設艦艇として駆潜艇、掃海艇、監視艇に充当する計画であったが、特設監視艇には遠洋漁業用に建造されたカツオやマグロ漁船が充てられ、開戦時には44隻が監視艇として運用されたのである。

特設監視艇の本格的部隊編成作業は、日米開戦後の昭和17（１９４２）年1月23日から始まり、第五艦隊の隷下に第一～第三監視艇隊が組織された。2月1日にはこれら監視艇隊を統括する第二十二戦隊が設置された。

この戦隊の任務は日本本土に迫る敵艦隊の動向を真っ先に捉える哨戒線の監視であった。戦隊は第一直から第三直哨戒隊を編成して出撃し、日本の東方７００海里（約１３００㎞）の洋上に南北に哨戒線を構成した。哨戒線はその時々で変化するが、例えば北緯33度から北緯42度40分にかけての東経１５５度の線は常備配置となっていて、各艇が20海里の間隔を置いて配置されたのである。哨戒期間は7日間、哨戒線と拠点となる釧路港などの往復に8日間を要するとされた。

もちろん、監視艇を派遣してそれで終わりというわけではなく、第二十二戦隊では旗艦となった特設巡洋艦が交替で各哨戒隊の支援にあたる。そして艇隊司令官が座乗する特設砲艦を母艦とする各哨戒隊が輪番後退で哨戒線に出撃する。哨戒隊の中では数隻の監視艇で小隊が組まれ、先任艇長の指示の下、艇隊司令の指揮で行動する組織になっていた。これらの任務が日本本土の東方沖合、世界有数の暖流である黒潮の流れに沿って実施されるため、第二十二戦隊は「黒潮部隊」と呼ばれるようになったのである。

米機動部隊との遭遇

各々の哨戒隊の配備数は25隻を基本とされたが、先に見たように監視艇に適した遠洋漁船の数は十分ではなく、穴埋めのために100トン未満の木造小型漁船も動員された。また監視艇は多くが軍用に改造、整備が必要であったため、開戦後は各艇の整備が最優先で急がれた。哨戒隊として編成された監視艇が一応の形になったのは4月上旬のことで、4月11日の時点で150トン以上の有力船は9隻、100〜150トンが17隻で、全体の3割ほど。大半は100トン以下の木造船で、速力は平均8ノットであった。これら監視艇には14〜20人前後が乗り組むが、うち半数ほどが海軍軍人であった。ただし彼らは将校であっても商船学校出身者や学徒兵から成る予備士官がほとんどで、残りは船と一緒に軍属として徴用された漁師であった。

徴用漁船には監視艇として必要な艤装が施されている。まず居住区が兵員室となり、魚倉を改造して、前部を弾薬庫と倉庫とした。もし増員が必要であれば、魚倉の一部も兵員室とされた。漁具やデリックはすべて撤去されて、前檣に見張り台とヤードを仮設、航続力を増やすため燃料タンクと真水タンクも増設された。兵装については、排水量と船体構造を基準に監視艇を甲乙の二種に分け、甲艇には7・7ミリ機銃を1丁、乙艇には小銃2挺が装備された。無線は従来型を基本とし、順次、航空機用のものに換装された。

彼らは所定の哨戒海域に着くと、もっぱら目視による監視に従事して、敵艦や敵機を発見したら即座に無線機で敵情を知らせ、以後、可能な限り詳細な敵情を電信し続けるよう期待された。しかし黒潮部隊は、のっけ

哨戒線と米機動部隊の行動（昭和17年4月18日）

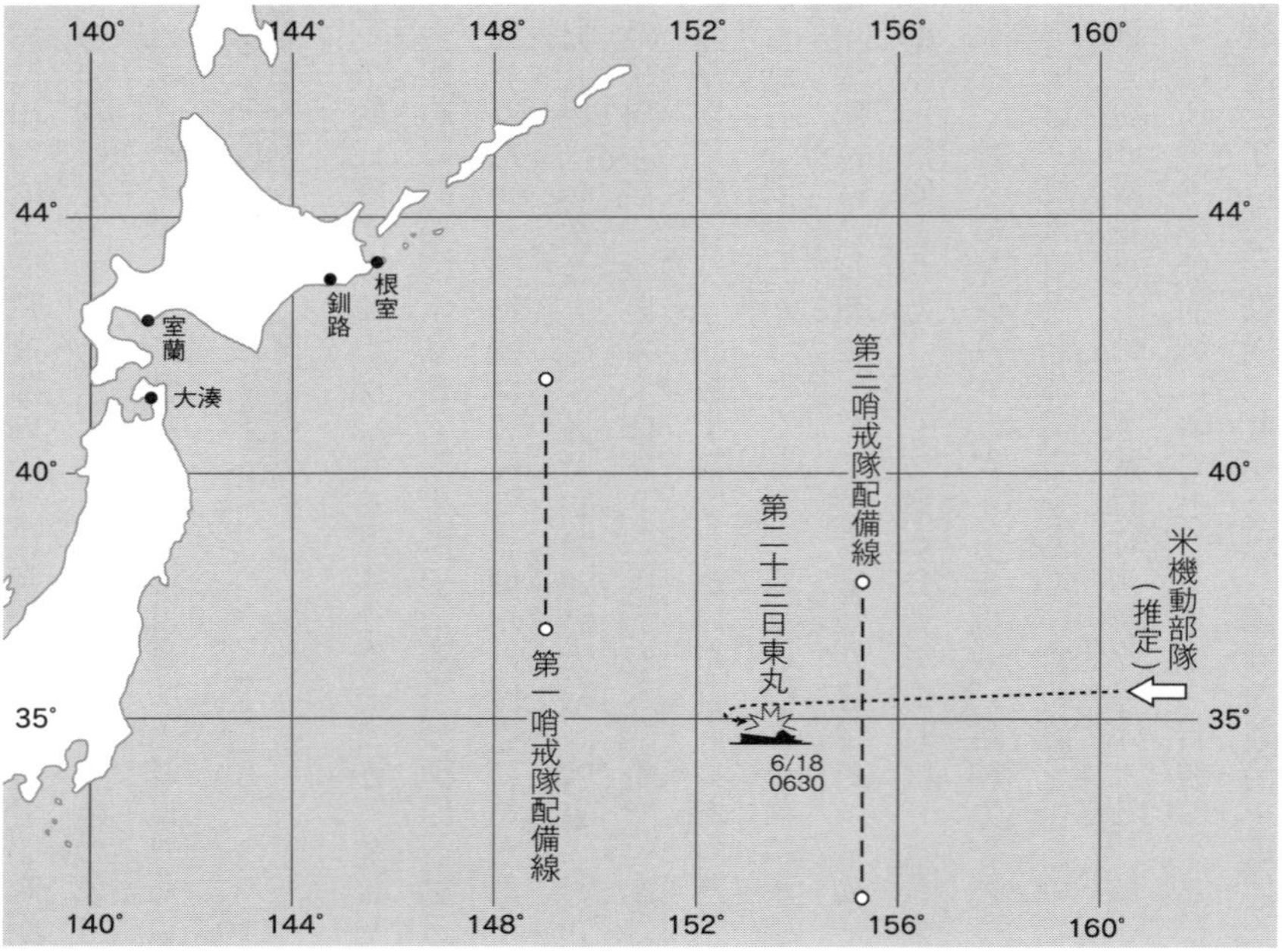

図版作成／宮永忠将

から大変な試練に直面することになる。北緯35度、東経155度の哨戒区を担当していた「第二十三日東丸」は、4月18日午前6時30分頃に「敵飛行艇3機見ユ、針路南西」との第一報を発し、15分後に北緯35度50分、東経153度40分の海域で「駆逐艦ヲ伴ウ空母二隻南西ニ向カウ」との報告を最後に消息を絶ったのである。

日本軍が破竹の進撃で南東方面に占領地を拡大しつつある中で、日本本土に迫る敵機動部隊――誤報を疑う内容であるが、これは空母に陸上爆撃機を搭載して日本本土を空襲しようとする艦隊、いわゆる「ドゥーリットル空襲」の実施部隊であった。空母「ホーネット」と「エンタープライズ」を中核とした、当時の米海軍にとって事実上の主力艦隊である。「第二十三日東丸」の報告が本来の哨戒線よりやや西にズレているのは、予定の哨戒任務を終えて帰投中に遭遇した結果である。

米軍側の報告によれば、18日午前2時50分、レーダーに2隻の艦影を認めた後、「エンタープライズ」から索敵機を発進。同5時には前方海域にさらに1隻を発見、同6時44分に軽巡「ナッシュビル」の砲撃で撃沈したとあるが、これが「第二十三日東丸」であった。

黒潮部隊による哨戒線の存在を知らなかった米艦隊は、機動部隊の位置が露呈したことを恐れ、本来は夜間出撃だった予定を早め、午前8時時前後に指揮官機のドゥーリットル中佐機を含む爆撃隊全機を発進させると即座に東へ変針。同時に、艦載機によって日本の哨戒隊（第二直哨戒隊）を攻撃させた。

この時、反転した米艦隊は東経155度線上にいた第三直哨戒隊に突入する形になり、午後12時30分には「長渡丸」が「飛行機3機見ユ、針路270度」を打電し、30分後に「空母2隻、巡洋艦2隻」の報を最後に消息を絶った（脱出した5名は米軍の捕虜となっている）。またその北側にいた「第一岩手丸」も艦載機の攻撃で消息を絶ったと見られる。

軽巡「ソルトレイクシティ」から見た、「第二十三日東丸」に砲撃を加える軽巡「ナッシュビル」。「第二十三日東丸」は撃沈されたが、その使命を果たした

監視艇隊の任務の実態

ドゥーリットル空襲以降は、哨戒線付近に潜水艦も出没しはじめたが、5月10日には北緯33度58分、東経152度57分付近で「第五恵比寿丸」が敵潜水艦と遭遇した。距離300メートルまで迫っての交戦となり、沈没こそ免れたが、戦死者9名を出している。

哨戒部隊哨戒基準線（サイパン陥落後）

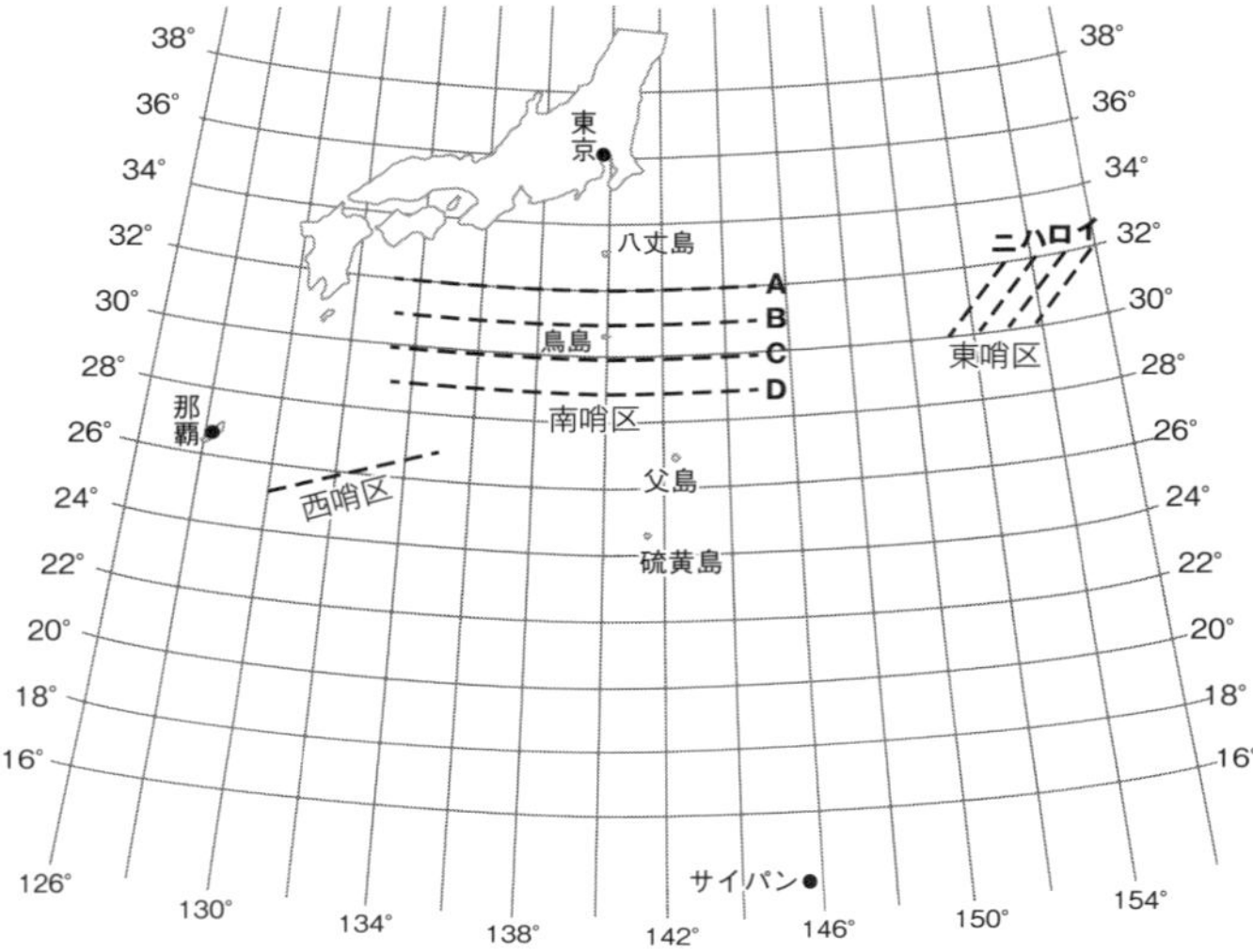

図版作成／宮永忠将

このような戦訓から、すべての監視艇に自衛用の７・７ミリ機銃と爆雷２個の搭載が決まる。さらに６月のアリューシャン作戦に投入された監視艇については、13ミリ機銃が追加された。また甲型で１５０トンの「第五清寿丸」には、試みとして艦首に６サンチ砲を搭載した。対艦船では非力な砲であるが、浮上している潜水艦には脅威となる。この兵装は後に標準化された。実際、昭和18（１９４３）年３月には６サンチ砲を搭載した１４８トンの甲型艇「新勢丸」が、浮上した敵潜水艦と交戦。乗員23名中13名の死傷者を出したが、船殻に砲弾を命中させて潜航不能の損害を与え、撃退に成功した。

だが戦局の悪化は哨戒隊にも任務の追加と危機の増大という形でしわ寄せした。サイパンが玉砕した昭和19（１９４４）年８月１日、第二十二戦隊は連合艦隊直属となり、黒潮部隊には鳥島と小笠原諸島の中間に当たる北緯29～31度、東経１３５～１４５度に設置された南哨戒線での監視任務が追加されたのだ。彼らにはマリアナから日本本土に飛来するＢ‐29爆撃機の監視が期待されたのである。

対空レーダーも装備されていた、この南哨戒線での監視艇の活動は比較的早い段階から機能したため、黒潮部隊の監視艇は、マリアナを拠点とするB－24やB－25爆撃機の優先攻撃目標とされた。これらの米軍機は黒潮部隊の船を発見すると即座に低空飛行を開始、主翼で監視艇のアンテナ線を切断してから攻撃を加えたという。監視艇は逆探知に備えて通常は無線のスイッチを入れていなかったので、先にアンテナ線を切ってしまえば通報を阻止できる可能性が高まる。実際、この時期には多くの監視艇が、沈没位置や日時、状況が分からないまま失われている。

1945年2月25日、硫黄島の摺鉢山付近に揚陸を行う米海軍の揚陸艦。19日に本格的な上陸作戦が開始されており、3月末まで激しい戦いが続いた

監視艇の相次ぐ喪失により、海軍はなるべく2隻のペアでの行動を促し、自衛用兵装も強化しているが、焼け石に水であった。結局、第二十二戦隊司令部は、各監視艇に対して、敵との遭遇時は「ウツ（敵発見の打電報告）」「ウテ（非攻撃時には備砲で反撃）」「ツッコメ（最後は敵艦めがけて突入）」という指示するだけで、抜本的な改善策は見当たらなかった。実際、監視艇の多くが逃げようとせず突っ込んで来るという報告が、米軍の側に多数残されている。だが、備砲は射程も短く、多くは射程に敵艦を収める前に撃沈されている。

最前線に残り続けた監視艇

昭和20（１９４５）年2月17日、米軍の硫黄島上陸作戦が始まった。これに連動して米第5艦隊隷下の機動部隊が関東地方を空襲したが、この部隊は帰路に太平洋上を南下しながら、広範囲にわたり黒潮部隊の哨戒線の壊滅を図った。その結果、18日早朝までのごく短期間のうちに11隻の監視艇が消息を絶ったが、その様子を知らせたのは「大部隊見ユ／艦砲ヲ受ク、全員死地ニツク」と打電を残した98トン乙型木造船の「栄福丸」のみであった。おそらく全監視艇が似たような最期を迎えたのだろう。

この日を境に、米軍では爆撃に向かう一部のB‐29まで参加しての監視艇狩りが実施された。効果はてきめんで、2月13日から約2週間で監視艇17隻が沈没し、戦死、行方不明者は527名を数えた。もっとも、黒潮部隊も一方的にやられるばかりでなく、例えば3月9日には「海和丸」を救難中の「第十大黒丸」と「第五清寿丸」が、攻撃してきたB‐24を協同で撃墜して、乗員2名を捕虜とする戦果を上げた。また3月11日には「海晃丸」と「第三大和丸」が北緯30度48分、東経144度54分付近で敵機動部隊に遭遇。情報の打電を終えた後、敵の攻撃を受けてしまい、「ワレ突撃ヲ敢行ス、天皇陛下万歳」との無電を最期に散った。

連合艦隊の残存艦艇が内地港湾に籠もっての「防空砲台」を以て任じる一方で、100トンそこそこの徴用漁船が対米戦の最前線に立ち、敵発見という任務の成功がそのまま戦史に直結するという、一種の特別攻撃のような任務に身を投じていたのが、昭和20年春の日本海軍の実態であった。

しかし硫黄島が陥落して、P‐51戦闘機が進出すると、南哨戒線の作戦的意義は消失し、黒潮部隊の犠牲は無意味なものとなっていた。結果、5月1日を以て海軍総隊から全監視艇への帰還命令と母港での整備訓練に務めるべしとの命令があり、ここに3年以上続いた哨戒部隊の任務は終了したのである。

もっとも、本土に戻った徴用漁船は、北九州や北海道、瀬戸内海などでの物資輸送や、機雷の掃海作業に従事することとなる。当初、木造船が主体であるが故に脆弱性が危惧されていた徴用漁船であったが、逆に磁気機雷に強く、掃海に活躍したのは皮肉な話であろう。

だが、日本政府がポツダム宣言の受諾を決定した翌日の8月10日付けで、第二十二戦隊は廃止となり、在籍していた約100隻の監視艇はいずれも除籍、解用となって民需への還元が急がれた。これは監視艇のまま海軍に在籍していると、降伏後に連合軍に管理されてしまい、漁船として働けず、ただでさえ逼迫している食糧事情を悪化させる可能性があったからだ。

1945年5月に撮影された硫黄島の飛行場。すでにB-29が進出しているのが確認できる。硫黄島の陥落により、南哨戒線は意義を失い、監視艇の戦いは終わった

黒潮部隊に徴用された漁船の数は400隻を超えるが、そのうち半数が戦没し、損傷で廃棄された船を入れると喪失率は七割を超えるという。また部隊には最大時6000名の軍人、軍属が投入されたが、その戦死傷者の正確な記録はなく、全貌は未だ明らかにされていない。

おわりに

大日本帝国海軍の名で日本に近代海軍が誕生したのは１８７２年、つまり明治5年のこと。その海軍は建軍から30年そこそこで、清帝国とロシア帝国という大国を相手とした戦争で勝利した。特に日露戦争では、黄海海戦と日本海海戦、二度の主力艦同士の決戦に勝利して、トータル戦力では二倍以上ロシア海軍を撃破したことは、世界史に残る偉業であった。

日本は明治維新から40年足らずのうちに世界の一等国への仲間入りを果たしたわけであるが、その躍進に海軍が果たした役割は、このように極めて大きい。

ただ日本海軍の栄光は、日露戦争がピークであった。この戦争に勝利した後の日本海軍が、アメリカを仮想敵としたことから歯車が狂いはじめるからだ。日本のＧＤＰ（国内総生産）に対する軍事費の割合は最も低い時期でも30％近くをキープしており、日中戦争を境に4割を超えるのが当たり前になった。戦争を重ねるごとに、軍事費の負担増は国民生活を圧迫した。この巨大な軍事費のうち、海軍は対米戦を想定した予算配分により、常に陸軍より大きな金額を割り当てられていた。

そしてついに対米開戦の時を迎える。１９４１（昭和16）年9月6日の御前会議にて、「外交交渉において、帝国の自存自衛上のやむにやまれぬ要求すら容認されず、ついに戦争避くべからざる――」との状況になったと開戦決意を述べたのは、海軍軍令部総長の永野修身であった。また、戦争を決断するなら一刻も早くとこれに同調したのは、陸軍の杉本元参謀総長である。

だが、この背後で陸海軍は非公式に会合を重ねながら、互いの腹を探り合っていた。「対米戦は不可能」と先に口にして欲しいという押しつけだ。陸軍、海軍とも本心では対米戦はやりたくない。やれば負けると分かっているからだ。その妥協が、先の永野の歯切れの悪い開戦決意と、杉山の猿芝居のような同調の形を取り、日本は破滅的な戦争に突き進んでいく。

では、この時に海軍が「アメリカとの戦争は不可能」と言えば、戦争は回避できたかと言えば、おそらく不可能だ。海軍は対米戦に必要と主張して、日露戦争後の30年間以上、莫大な予算を使って戦力を整備してきた。それが対米外交が破綻した後になって今さら戦争できないと認めれば、海軍は国民の大批判を受けて大幅縮小は必至であり、下手をすれば陸軍に従属化されてしまうかもしれない。そんな恥に晒されるくらいなら、一か八か「戦いはやってみなければ分からない」という捨て鉢な理屈で戦争に突き進み、敗北によって73年の歴史に自ら終止符を打ったのである。

むろん、先の大戦の敗北は海軍のみの責任ではなく、軍部に権限を与えすぎた政治制度にこそ問題があった。本書はこのような事情で「対米戦に必要」として整備が進められた海軍艦艇について、艦種という角度から整理に取り組んだ。いわゆるスペックや戦力比較だけでは見えてこない、日本海軍の事情とその限界——ひいてはあの時代の日本の姿は、個別の艦艇ではなく、第二次大戦の前後に確立された艦種同士の関連性で見た方が、より鮮明になると考えるからだ。

本書を通じて、他の国の軍艦にはない魅力に溢れながらも、「対米戦に必要」という組織防衛の理屈から整備された、どこかいびつな帝国海軍艦艇の実態に迫ることができれば——。それが筆者の願いである。

宮永忠将

著者紹介
宮永忠将（みやなが ただまさ）
1973年生まれ。上智大学文学部史学科卒業、東京都立大学大学院人文科学研究科中退後、雑誌編集者、ウォーゲーミングジャパン勤務などを経て、現在はフリーランスで執筆、編集、翻訳などに従事している。Youtubeチャンネル「宮永忠将のミリタリー放談」の運営を通じて、歴史、軍事、戦史の情報発信中。

イラスト――――――六鹿文彦、田村紀雄
写真――――――U.S.Navy、Naval History and Heritage Command、
ミリタリー・クラシックス編集部
装丁――――――藤原未奈子（FROG）
本文デザイン――――大橋郁子

艦種から見る 太平洋戦争を戦った名艦たちの実像

日本海軍 艦艇の航跡

2024年9月20日 初版第1刷発行

著　者――――宮永忠将
発行人――――山手章弘
発行所――――イカロス出版
〒101-0051　東京都千代田区神田神保町 1-105
contact@ikaros.jp（内容に関するお問合せ）
sales@ikaros.co.jp（乱丁・落丁、書店・取次様からのお問合せ）
［URL］ https://www.ikaros.jp/
印刷所――――日経印刷
Printed in Japan

ISBN978-4-8022-1497-1